全国地震台站观测岗位资格培训系列教材

地震台站公用技术

（试用本）

中国地震局监测预报司　编

地 震 出 版 社

图书在版编目（CIP）数据

地震台站公用技术：试用本/中国地震局监测预报司编．—北京：地震出版社，2007.10
（全国地震台站观测岗位资格培训系列教材）
ISBN 978-7-5028-3167-7

Ⅰ．地…　Ⅱ．中…　Ⅲ．地震台网—技术　Ⅳ．P315.78

中国版本图书馆 CIP 数据核字（2007）第 103048 号

地震版　XT200500211

地震台站公用技术（试用本）
中国地震局监测预报司　编
责任编辑：李小明
责任校对：庞娅萍

出版发行：地震出版社
北京民族学院南路 9 号　　邮编：100081
发行部：68423031　68467993　　传真：88421706
门市部：68467991　　传真：68467991
总编室：68462709　68423029　　传真：68467972
E-mail：seis@ht.rol.cn.net
经销：全国各地新华书店
印刷：北京地大彩印厂

版（印）次：2007 年 10 月第一版　2007 年 10 月第一次印刷
开本：787×1092　1/16
字数：250 千字
印张：9.75
印数：0001～2000
书号：ISBN 978-7-5028-3167-7/P·1334（3856）
定价：25.00 元

《全国地震台站观测岗位资格培训系列教材》编委会

主　编：李　克

副主编：赵仲和　宋彦云　李　明

编　委：钱家栋　吴忠良　刘耀炜　吴　云　滕云田

余书明　杨心平　孙为民　王　峰　熊道慧

《地震台站公用技术》（试用本）编写组

（按姓氏笔画排序）

刘爱春　周振安　黄锡定

序

20 世纪 90 年代以来，中国地震局先后在“九五”、“十五”期间实施了数字化、网络化的改造和建设项目，地震监测基本实现由模拟观测向数字化、网络化的重大转变。面对大量数字化设备和新技术的综合应用，如何保障观测网络正常、可靠、稳定、连续地运行，从而提供可靠观测资料，这是广大地震台站工作人员面临的现实挑战。毋庸置疑，只有通过继续教育，领会和接受新技术、新装备，才能熟练应用并使之充分发挥作用。

众所周知，防震减灾事业和地震科学的发展，有赖于观测的创新与拓展、监测技术的革命与进步，地震监测的基础地位与作用是十分重要的，地震台站的首要任务是监测，以便及时获得可靠的观测信息。当然，仅仅如此还不够，应当促进台站监测同科研、预测的有效结合。为此，许多关注和从事地震台站观测工作的同志逐渐达成一种共识，地震台站观测人员需要具备相当的有关学科知识，不断增强自身的业务素质，提高工作的综合水平。另外，许多年轻人员进入地震观测岗位后，要求接受继续教育来学习和掌握相关地学知识的愿望也十分迫切。

同样重要的是进入新世纪以来，国家行政和科技体制改革要求，事业单位今后须实行岗位考核竞争上岗以促进事业的良性发展。中国地震局认真贯彻国家要求，决定逐步推行“观测岗位资格考核制度”，以实现地震监测规范化管理，达到规范观测队伍、提高人员素质、保障监测质量的目的。观测岗位资格考核是一项系统性的工作，在岗位资格考核前，对被考核人员进行必要培训，是保障考核工作顺利开展的重要环节。作为地震观测岗位资格考核与考前培训的基本保障，需要有一套适于培训工作的教材。

基于以上诸多目的，中国地震局监测预报司组织编写了地震监测岗位培训系列教材，包括：《地球物理学概论》、《地震地质学》、《防震减灾法律法规》、《地震台站公用技术》、《计算机基础与网络》、《数字信号处理的 MATLAB 实现》、《地震学与地震观测》、《地震地下流体理论基础与观测技术》、《地震电磁学》、《地形变测量》。此套系列教材力求内容与地震监测实际工作紧密结合，符合台站技术的需求，理论深入浅出，内容较新、较详尽，既适合作为岗位资质考核的考试用书，也可以作为广大地震监测一线工作人员的自学教材。

我相信，该教材的出版，将为台站观测岗位考核制度的逐步推行，为提高地震台站人员的业务素质，为奠定地震台站可持续发展的人才基础起到积极的保障和促进作用。

2007年8月

前 言

本教材属于公共技术课，由于内容多，涉及面广泛，因而在有限时间内不可能介绍太多内容。这就有一个教材内容的取舍问题，即能否在有限时间内将最基本、最有用的内容介绍给读者是一道很困难的答题。为了做好这道答题，中国地震局监测预报司曾多次组织相关专家进行研讨，作者也查阅了大量资料，进行台站调研。在明确教学目的和基本要求的前提下，取得了比较一致的意见，完成了该书初稿。经过4期学习班的试用并反复修改而定稿。

本课程的基本目的是使读者了解数字化地震台站维护管理的相关知识和数据采集基本原理，掌握相关设备的原理、使用、维护、操作等技能，提高学员的综合素质和技能。

学习本课程应达到的基本要求分基本理论和基本技能两个方面。

基本理论方面包括:

(1) 数字化基础知识的相关概念、常见名词;

(2) 数字化仪器主要技术指标的物理意义，模数转换器的基本工作原理和框图结构;

(3) 数字化台站的基本构成，“九五”、“十五”台站改造的几种典型结构类型。

(4) 数据通信的基本原理和链路结构。

技能方面的要求包括:

(1) 地震前兆公用数据采集器与前兆传感器的接口关系和信号检测方法;

(2) 台站供电、避雷的拓扑结构，会查找并处理常见故障;

(3) 根据信号在通信链路中的传输过程，大致判别系统运行状况及故障范围;

(4) 前兆台站通信软件的安装、配置、使用，根据前兆台站的仪器连接配置相关参数;

(5) 能够独立完成数字化前兆台站的日常值班，并处理常见的问题。

本教材在结构上共分7章，第1章介绍与数字化地震观测台站相关的基础知识和基本概念，以及常用中小规模集成电路模块的逻辑符号、逻辑功能，介绍运算放大器、模数转换器的基本特点和工作过程及一些常用大规模集成电路的基本功能特点；第 2 章介绍数据采集的基本概念及其主要技术指标的物理意义、数据采集器的一般原理框图及其与前端传感器的几种接口关系和后端输出接口方式，并对目前地震台站使用较多的前兆公用数据采集器和测震数据采集器的主要特点、功能框图和日常维护进行一般介绍；第 3 章介绍数据通信的基本概念、数据通信系统的基本结构和地震台站观测系统所采用的数据通信方式，重点介绍前兆通信 RS232 接口及其通信方式，专用通信功能部件的功能、结构和工作原理及采用互联网方式实现前兆数据通信的基本概念；第 4 章介绍地震台站供电、避雷、接地技术中的基本知识，阐述根据地震台站的特点和需求提出的地震台站供电、避雷、接地设计思路；第 5 章主要结合国家“九五”、“十五”台站改造所涉及的集成技术，重点介绍以 RS-232 和 RJ45 总线技术为基础的典型地震台站集成系统；第 6 章介绍与地震前兆观测相关的气象环境要素和基本概念，重点介绍气温、气压、降雨量综合观测仪器的主要指标要求及原理框图、日常维护及传感器安装要点和注意事项；第 7 章介绍数字化地震台站运行维护的有关知识和基本要求，进行日常运行维护所需的设备、工具的基本原理和使用技巧，重点讲述数字化地震台站运行维护的程序和方法，以及观测系统故障的初步分析处理。

参加本书编著的有周振安研究员、黄锡定研究员、刘爱春工程师等，具体分工为：前言、第 2 章、第 5 章由周振安执笔；第 3 章、第 4 章、第 7 章由黄锡定执笔；第 1 章、第 6 章由周振安、刘爱春共同执笔。

周振安负责全书统编，周振安、刘爱春负责全书编排和图件整理。

由于时间紧、内容多，书中描述肯定有不清楚之处，也难免出现错误或不足，恳请专家、读者不吝指正。

编者

2007 年 8 月

目　录

1　数字化基础知识

数字化技术或数字逻辑电路技术，由于其一系列优点和强大功能而得以广泛应用，几乎渗透到各个领域，成为现代人不可缺少的基础知识和通用技能，不仅是科研、国防、工业、农业等领域，就连家庭日常生活也离不开数字化技术，数字化技术已与人民大众紧密相连、息息相关。

1.1　数字逻辑电路的基本概念

1.1.1　数字逻辑电路的特点

数字逻辑电路是数字化基本单元电路，是现代电路的基本组成部分。数字逻辑电路之所以得到飞速发展，广泛应用，这是由它自身所具备的一系列特点决定的。

(1) 首先是数字电路的结构比较简单，对元件的要求不太严格。我们知道晶体三极管具有三个工作区：截止区、饱和区、放大区。利用三极管的截止和饱和两种截然不同的状态（即开关状态），可以很方便地做成数字电路的基本单元。例如，可以用三极管截止时输出的高电平表示“1”状态，用饱和导通时输出的低电平表示“0”状态。三极管的截止和饱和导通两种状态的实现允许电路元器件和供电电源参数有较大的偏差，正是由于电路简单同时又允许元器件有较大的分散性，就使得我们不仅可以把众多的基本单元制作在同一硅片上（即集成电路），同时又能达到工业产品所要求的成品率，这为大规模工业化生产提供了极大方便，这也是数字集成电路比模拟集成电路优先得到发展的原因之一。工作于放大区的电路则称为模拟电路。模拟电路和数字电路是电子技术的两个分支。

(2) 数字逻辑电路所研究的问题和使用的分析方法与模拟电路完全不一样。在模拟电路中，主要研究的是微弱信号的放大、各种形式信号的产生、信号变换及反馈等；而在数字电路中，重点在于研究各个基本单元的状态（0 或 1）之间的关系，即通常所说的逻辑关系。所以人们有时习惯把数字电路又称为逻辑电路（又因为数字电路中三极管总是工作在开或关状态，人们有时也把数字电路称为开关电路）。为了分析这些逻辑关系，需要使用一套新的分析方法，包括逻辑代数、真值表、卡诺图、特性方程等。

(3) 在电路的功能上，数字电路有独到之处，它除了可以实现对信号进行算术运算外，还能够进行逻辑推演和逻辑判断，即具有一定的“逻辑思维”能力。正是由于数字电路同时具备了这样两种功能，才使得现代数字电子计算机的制造成为可能。

1.1.2　数字电路的应用

目前数字电路的应用已极为广泛，大的方面有：

(1) 在数字通信系统中，可以利用若干个 0 和 1 编制成各种代码，分别代表不同的含意，用以实现信息的传送。

(2) 在自动控制领域，利用数字电路的逻辑功能，可以设计出各种各样的数字控制装置，用以实现对生产过程的自动控制。

(3) 在各种测量仪器仪表中，一方面可以利用模数转换技术将模拟量转换为数字量，并利用数字电路对测量结果进行分析处理，同时又可以用我们所习惯的十进制数码形式，把测量结果及时地显示出来。

(4) 数字电子计算机是数字技术应用的最为杰出的成就。今天，计算机已成了近代自动控制系统中不可缺少的组成部分；在现代智能化测量仪表中，由于计算机特别是单板机的开发与应用，使得测量过程的自动化、测量数据的存储、测量精度的提高大大向前迈进。

1.1.3 常用的中小规模数字集成电路芯片简介

中小规模数字集成电路种类很多。按照电路结构来分，最常用的有 TTL 系列和 MOS 系列两大类。TTL（晶体管－晶体管逻辑）系列集成电路采用了双极性结构，因而工作速度快、驱动能力强，但功耗较大、集成度相对较低。MOS（金属－氧化物－半导体）系列为单极性结构，抗干扰能力强，输入阻抗高，功耗特别低，集成度高，适合于大规模集成。因此，进入超大规模集成电路时代以后，MOS 特别是 CMOS 集成电路已经成为集成电路的主流。

中小规模的数字集成电路的常用功能部件有：门电路、触发器、加法器、编码器、译码器、比较器、寄存器、计数器及代码变换器等。下面仅就数字化地震前兆观测技术系统设计中几种常用数字集成电路加以介绍。

1.1.3.1 基本逻辑门电路

基本的逻辑门电路包括“与”门、“或”门、“非”门（即反相器）及“与非”门、“或非”门等复合门，其逻辑符号如图 1.1 所示。

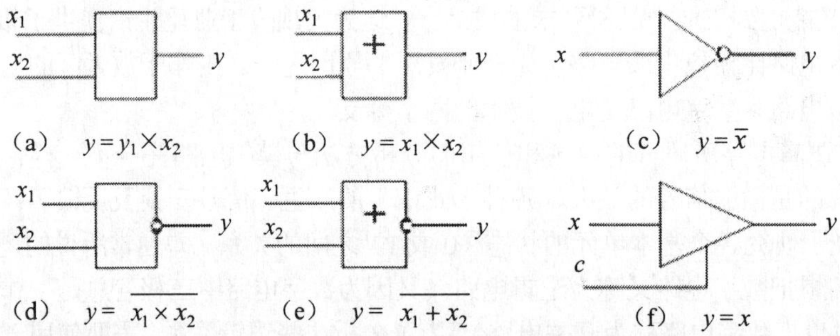

（a） $y=y_1\times x_2$ （b） $y=x_1\times x_2$ （c） $y=\overline{x}$

（d） $y=\overline{x_1\times x_2}$ （e） $y=\overline{x_1+x_2}$ （f） $y=x$

图 1.1 基本逻辑电路符号

（a）二输入与门；（b）二输入或门；（c）非门；（d）二输入与非门；（e）二输入或非门；（f）三态门

门电路是数字电路（组合逻辑）基本单元电路，常用的型号有：

2 输入端四“与”门：74LS08、74HC08；

2 输入端四“或”门：74LS32、74HC32；

6“非”门：74LS04、74HC04；

2 输入端四“与非”门：74LS00、74HC00；

2 输入端四“或非”门：74LS02、74HC02；

上述型号中，74LSXX 为 TTL 系列，74HCXX 为 CMOS 系列，下同。

另外，三态门也是常用门电路，它有三个稳定的输出状态，即高电平、低电平、高阻状态。逻辑符号如图 1.1（f）所示。与普通门（两个稳定状态）比较，除了具有普通门所具有的两个状态以外，还具有第三个状态（高阻状态），高阻状态使得三态门具备和总线直接相挂接的能力，而不会产生逻辑错误。

1.1.3.2 译码器

译码器的功能是将输入代码的原意“翻译”出来，最典型的有二一十进制译码器、地址译码器等。二一十进制译码器可以将所输入的二进制代码翻译成人们所习惯的十进制代码并显示出来，典型的型号有 74LS247、74LS248 等。地址译码器可将输入的地址代码翻译为一个特定输出信号来控制输入输出口。译码器一般由多个门电路组合而成，典型型号有 3－8 译码器 74LS138、74HC138，双 2－4 译码器 74LS139、74HC139 等。

1.1.3.3 三态缓冲器

三态缓冲器一般由八个三态门组成一个字节的输入缓冲。利用其三态功能可将多个输入端口与数据总线连接起来，实现 CPU（中央处理器）与多个输入端口的分时通信，而未选通的端口则处在高阻状态，相当于这些端口与总线处在脱离状态。实现这种功能的芯片比较典型的有：74LS244、74HC244 等。

1.1.3.4 触发器（或锁存器）

触发器是数字电路中时序逻辑电路的基本单元电路，它有两个稳定状态。由门电路组合成的锁存器具有触发锁存功能，即通过触发能将输入信号的瞬间状态锁存到输出端口，当输入信号撤离时输出状态仍然保持不变（即锁存），直到下一次被触发更新时为止。锁存器的这种功能非常有用，被计算机系统广泛用于各种输出接口。比较常用的芯片有 74LS273、74HC273、74LS373、74HC373 等。

1.1.3.5 移位寄存器

移位寄存器实际上是由多位触发器组成，它可以实现将一位的串行输入通过移位方式变成多位的并行输出，或将多位的并行输入变成一位的串行输出，这种串行和并行之间的相互转换功能在计算机系统的接口中经常用到。比较常用的芯片有串入/并出移位寄存器 74LS164 或 74HC164、并入/串出移位寄存器 74LS166 或 74HC166 等。

1.1.3.6 计数器

计数器也是由多位触发器组成的又一种比较常用的功能芯片。顾名思义计数器是用于计数的，种类非常多，例如按触发器的翻转次序可分为异步式计数器和同步式计数器；按计数器计数过程中的数字增减又可分为加法计数器、减法计数器和可逆计数器（或加减计数器）；按编码方式又可分为二进制计数器和十进制计数器等等。常用计数器芯片有：十进制计数器 74LS160 或 74HC160、四位二进制计数器 74LS161 或 74HC161 等等。

1.1.4 数字集成电路的主要技术指标

在系统设计中，使用数字集成电路时主要考虑的技术指标有：

(1) 工作速度。

工作速度一般用输入输出的延迟时间来描述，延迟时间越短则工作速度越高。一般 TTL 系列芯片的延迟时间在 ns 数量级，HC 系列现在也可达到几十 ns 数量级。在一般的应用系统中，数字电路的延迟时间都可以小到忽略不计，但在高速应用系统就必须要考虑了，例如在高速计算机系统中，其主时钟一般都在几百 MHz，甚至在 1GHz 以上。

(2) 负载能力。

数字电路的负载能力与两个因素有关，即作为驱动源时所能提供的最大输出电流和作为负载时消耗的电流。专业教科书上采用“扇出系数”来描述负载能力，即所能驱动同类电路的最大数目。例如 TTL 与非门，其扇出系数 $N_0 \geqslant 8$；对 HC 系列芯片，其输出端的驱动电流约为几个 mA，但由于其输入端的电流很小，所以其扇出系数很大。一个 TTL 系统可以全部使用 CMOS 电路来代替，但如果 TTL 系列和 CMOS 系列芯片混用时，则必须要考虑负载能力问题和电平匹配问题。

(3) 供电电压。

集成电路的供电电压也是用户需要注意的，74 系列的数字集成电路芯片供电电压的标称值一般为 5V，允许的变化范围为 4.5～5.5V。为保证逻辑可靠，其工作电压的波动范围必须满足此要求。为满足极低功耗的使用场合，已有许多低电压供电（3V 以下）的集成芯片出现，使用时一定不要搞混。

1.2 运算放大器简介

1.2.1 模拟集成电路

运算放大器属于模拟集成电路范畴。模拟集成电路（Analog IC）是指处理模拟信号的集成电路。由于早期的模拟集成电路主要是指用于线性放大的放大器电路，因此这类电路最早被称为线性集成电路，后来又出现了振荡器、定时器、数据转换器等非线性集成电路以后，才将这类电路叫做模拟集成电路。模拟集成电路又可以分为线性和非线性两种。线性集成电路的输出和输入成线性关系，如运算放大器、比例器、跟随器等。非线性集成电路则是指输出和输入成非线性关系的集成电路，如振荡器、定时器等电路。

1.2.2 理想运算放大器的基本特点

运算放大器是线性集成电路的基本单元电路，电路符号如图 1.2（a）所示。理想运算放大器的基本特点是开环增益无穷大、输入电阻无穷大、输出电阻接近于“0”。利用这些特点，可将运算放大器接成多种应用电路，如各种运算电路：比例运算、求和运算、积分运算、微分运算、对数运算等，如图 1.2（b）、（c）。各种有源滤波器及信号发生器、信号变换器也是运算放大器的典型应用。

分析运放电路的两个最重要的基本概念是“虚地”和“虚短”。

对理想运放来说，由于其开环增益无穷大，因而运放的两个输入端的接近于等电位，相当于两个输入端（同相端和反相端）短路，但又不是真正的短路，因而称为“虚短”。同理，如果将同相端接地（如图 1.2 的（b）图），则反相端称为“虚地”。虚短与虚地的概念在电路分析中非常有用，应认真体会。

具体运放应用芯片型号很多，例如普通运放 OP07、通用斩波稳零集成运放 7650 等。运放 7650 是一款高性能运算放大器，具有超低失调、超低漂移、高增益、高输入阻抗等一系列特点，在地震前兆数据采集器中被用于前置放大。

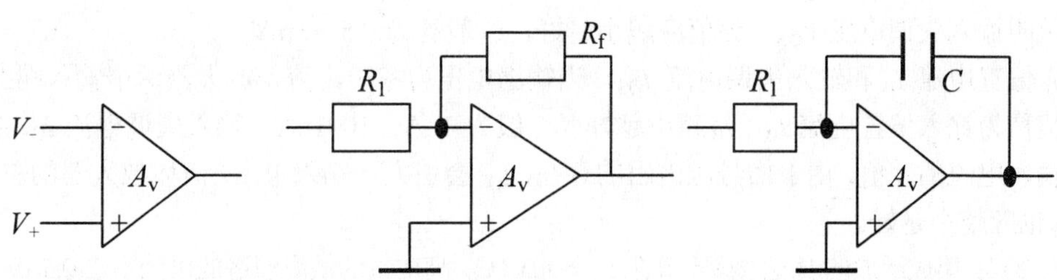

(a) 运算放大器电路符号　　(b) 比例运算电路　　(c) 积分运算电路

图 1.2　运算放大器的典型应用

1.2.3　仪表放大器

由多个基本运算放大器集成的仪表放大器具有更加优越的特性，已构成了通用系列。通用仪表放大器一般由三运放构成，其基本结构如图 1.3 所示。

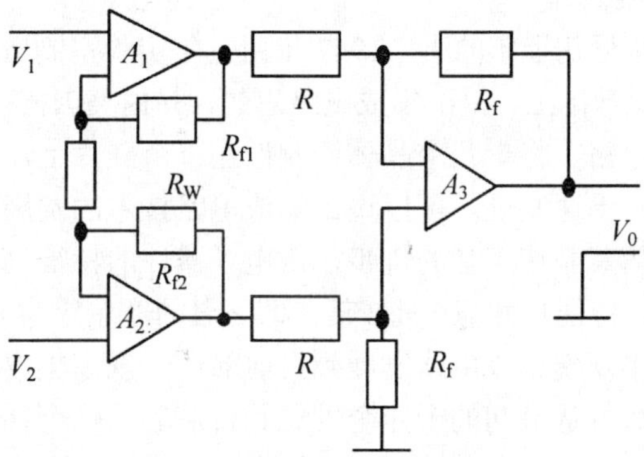

图 1.3　仪表放大器的基本结构

1.2.3.1　仪表放大器的增益关系式

仪表放大器的增益由所用电阻的比值决定：

$$A_v = \frac{R_f}{R}\left(1 + \frac{R_{f1} + R_{f2}}{R_W}\right)$$

1.2.3.2　仪表放大器的基本特点

仪表放大器的具备三个基本特点：

(1) 放大倍数取决于反馈电阻 R_f 与 R 的比值；

(2) 输入阻抗足够大（可达 $10^{10}\Omega$以上），输出电阻足够小；

(3) “0”输入时，可以方便地实现“0”输出。

1.2.4　集成运放的主要技术参数

开环增益 A_v：放大器在开环时输出电压的增量和输入电压增量的比值，一般希望其值越大越好，目前一般在（60～140）dB，即 10^3～10^7。

输入失调电压 V_{OS}：当输入电压为零时，为使运放的输出电压也为零，而在输入端加的补偿电压叫输入失调电压 V_{OS}。该值应越小越好，一般约为 0.5～5mV。

输入偏置电流 I_B 和输入失调电流 I_{OS}：当输出电压为零时，流入放大器两个输入端的电流平均值称为输入偏置电流 I_B，I_B 越小越好，一般为 1nA～1001nA。输入失调电流 I_{OS} 则是指二个输入电流的差值，由于信号源内阻的存在，I_{OS} 会引人一输入电压，破坏放大器的平衡。因此 I_{OS} 也应越小越好。

温度漂移：集成运放的温度漂移一般在 1～50μV/℃，高质量的低温漂运放可到小于 0.5μV/℃。

共模抑制比 CMRR：在开环状态下，差模电压增益 A_{VD} 与共模电压增益 A_{VC} 之比值，单位用分贝表示。它表示运放对共模信号的抑制能力，其值越大越好，一般在 60～130dB。

此外，还有最大差模输入电压、最大共模输入电压、摆率等。上述指标都是用户在选用运放时所要注意的。

1.3　大规模和超大规模集成电路

1.3.1　数字集成发展简介

集成电路的发展只是近几十年的事。1947 年由贝尔实验室制造出第一只晶体管，从此开创了硅技术产业，在此基础上，提出集成电路思想，并由美国德州仪器公司于 1958 年制造出世界上第一块集成电路，将十几个晶体管制做在一个硅片上，从此集成电路设计、制造及应用技术日新月异，迅速发展。可以说，集成电路技术的发展基本上是随着制造工艺技术的进步而发展的，随着制造工艺的进步，微电子器件的特征尺寸不断缩小，基本上每隔 3 年集成度增加 4 倍，特征尺寸缩小 1/2 倍（即著名的摩尔定律）。经过 40 余年的努力，集成电路已经从最初的小规模集成电路发展到目前的巨大规模集成电路和系统芯片，单个电路芯片集成的元器件数目从最初的十几个发展到目前的几亿个甚至是几十亿个，器件的特征尺寸缩小到亚微米量级，0.1μm 的 CMOS 制造工艺技术已经成熟。目前 CPU 的制造工艺已达到 65nm 水平。

1.3.2　典型应用

超大规模集成电路发展非常迅速，应用十分广泛，最典型的产品如 CMOS 工艺的动态存储器和微处理器。

1.3.2.1　只读存储器

只读存储器简称为 ROM（Read Only Memory），即只能读取存储器内部内容，而不能随意改写。这种功能可确保存储的信息安全可靠，当断电时信息也不丢失，在计算机系统或智能化系统都要用到。例如，早期的个人计算机内部的 BIOS 引导程序、智能化系统中的监控程序等都应可靠保存，因此都可使用只读存储器来实现。

早期的可编程只读存储器（EPROM）比较常用的是一种可紫外光擦去的只读存储器，当用户须修改只读存储器内部信息时，可用紫外光照射（芯片顶部的玻璃窗口）即可擦去原有信息，因此用户可反复使用。EPROM 使用寿命比较长（一般可反复写入数百次，但写入速度比较慢），且价格低廉，使用十分广泛，直到现在仍然使用较多。常用的型号有：8kB 存储容量的 27C64、16kB 存储容量的 27C128、32kB 存储容量的 27C256 等等。

最近几年发展起来的可电改写的可编程只读存储器（E^2PROM）是一种更加方便的只读存储器，用户可以直接在线编程，使用寿命也由初始的数百次改善到数万次甚至更长，用户感觉起来就像使用 RAM 一样方便，且断电数据不会丢失，因而受到欢迎。常用的型号有：8kB 存储容量的 28C64、16kB 存储容量的 28C128、32kB 存储容量的 28C256 等等。

最新产品 FLASH 存储器也属于电可改写存储器，由于其存储容量大，断电数据不丢失，在开发电子盘、CF 卡、SD 卡等产品中广泛使用该技术。

1.3.2.2 随机存储器

随机存储器（Random Access Memory）简称为 RAM，即可任意读/写的存储器。RAM 从电路结构上可分为两大类：动态存储器 DRAM 和静态存储器 SRAM。

常用的静态 RAM 型号有 62C64、62C128、62C256 等。

DRAM 和 SRAM 各有优缺点，前者集成度高、功耗低、成本低，但速度较慢，使用也不方便，需要定时刷新；后者速度快、使用方便，但集成度相对低、成本较高。二者在使用上都存在断电数据丢失的不足，有开发商将微型电池与存储器硅片一起封装，形成了一种数据既不丢失、存储量又非常大的经济型存储产品，受到用户欢迎。

1.3.2.3 微处理器

微处理器又叫中央处理单元（CPU），是计算机的核心部件，其内部主要由三部分组成：内部通用寄存器阵列、累加器和算术运算单元、指令寄存器等。

CPU 是超大规模集成电路制造技术最典型的应用，代表了集成电路最先进的制造技术。以 INTEL 公司为代表，制造的 80x86 系列 CPU 从 8086 已发展到奔腾系列（P_{iv}等），性能越来越强，集成度几乎每 3 年翻一番，最新水平已达到一个硅片上集成几十亿个元件。

CPU 的性能主要由数据处理能力来定义。数据处理能力一般按照每秒处理指令的条数来衡量，决定其数据处理能力有 2 个要素：CPU 时钟和数据位宽。

CPU 的时钟目前已达到数个 GHz 水平。

CPU 的数据位宽目前市场常见的有 8 位、16 位、32 位、64 位不等，64 位 CPU 一般用于高性能服务器，8 位 CPU 尽管性能较低，但在工业控制、智能仪表、家电产品等场合仍能满足要求，因而仍被广泛应用。

1.3.2.4 单片机

单片机又叫微控制器（MCU），将计算机的几个常用功能部件（如 CPU、程序存储器、数据存储器及接口功能部件等）都集成在同一个硅片上，形成最简化的计算机系统。

单片机种类非常多，国际上许多知名大公司都有自己的系列产品，包括从低端的 8 位机到高端的 16 位、32 位机型。例如比较流行的 MCS－51 系列（8 位机）、MCS－96 系列（16 位机）、ARM 系列（32 位机）等，为用户提供了广泛的选择空间。

单片机应用系统除了在一些特殊场合无须作任何扩展就可以满足需求，一般情况下仍需要进行硬件扩展，或者说只能满足部分功能需求。例如地震数据采集系统中大数据量存储、高精度模数转换、网络化通信等，这些功能一般很难由同一片单片机来完成的。

不同型号单片机通常侧重于不同应用对象，例如基于 51 单片机内核的 24 位分辨率 A/D 转换器 MSC1210、C8051F350 等，除了常规的通用功能模块，其显著特色之一是内部包含了极高分辨率的 24 位模数转换器，方便用于构成高精度数据采集器。

基于 51 单片机内核的网络控制器 CS6208，其特色是支持 IEEE80－802.3 接口及 TCP/IP、UDP 等协议，将 TCP/IP 协议栈函数封装在一起，便于用户开发应用产品。

基于 51 单片机内核的无线收发控制器 nRF24xx、PTR5000 等芯片，用户很方便实现实用的无线收发装置。

总之，单片机应用十分广泛，已形成各种不同用途的专用产品，这为用户开发实用产品提高了极大方便。

1.4 模拟－数字转换器

模拟－数字转换器作为一个独立部件，其内部既含有模拟电路，又含有数字电路，因而不仅在制造工艺上要复杂得多，实际使用时也比普通集成电路要复杂。当构成实用系统后，习惯上又称为数据采集器。

1.4.1 采样定律

对于频率为 f_i 的输入模拟信号，模数转换时的采样率为 f_s，要保证模数转换后的数字信号能够完全恢复到输入前的模拟信号，则必须满足：

$$f_s \geqslant 2f_{i\max}$$

式中 f_s 为采样频率；$f_{i\max}$ 为模拟信号的最高频分量的频率。上式称为采样定律（或称奈魁斯特定律）。采样定律为我们规定了 A/D 转换器的频率下限（即奈魁斯特频率），是我们选择 A/D 转换器的基本要求。

滤波器是模数转换器的又一个重要部件，滤波器的频率带宽的选择必须要大于或等于输入信号的频率带宽，理想的滤波器只让允许的频率通带内信号通过，对通带以外的信号则被抑制掉。例如 AD7703 芯片内，其数字滤波器的带宽为 0～10Hz，因而输入信号的频率在 10Hz 以上的信号都将被滤掉。这里要注意的是，尽管它的数据转换速率能达到几 k/s，但输入信号的上限频率最大只能是 10Hz，这主要是由数字滤波器的输入响应时间决定的。

1.4.2 主要技术指标

1.4.2.1 分辨率与量化误差

A/D 转换器的分辨率是指 ADC 对其输入信号的最小分辨能力，习惯上以二进制位数或者 BCD 码位数来表示。例如一个 16 位的 A/D 转换器的分辨率为 16 位，即该转换器的输出数据可以用 2^{16} 个二进制数进行量化，其分辨率为 1LSB（Least Signifcant Bit）。

用二进制码表示一个连续的模拟输入电压量的过程叫量化，显然二进制位数越多则量化越精细，即分辨率越高。在量化过程中，其最低一位或者是高，或者是低，即总是存在量化误差。因此，量化误差理论上为一个单位分辨率，即±1/2LSB。即通常所说的 1 个字误差。但是，1 个字误差的权重对不同转换位数的 A/D 转换器是不一样的，转换位数越高，则权重越低；或者说分辨率越高，量化误差的权重越低。

由此可见，选择高分辨率的 A/D 转换器是设计高精度数据采集器的必要措施之一。

1.4.2.2 转换时间与转换速率

A/D 转换器完成一次转换所需要的时间被称为 A/D 转换器的转换时间。转换时间的倒数就是转换速率（每秒完成转换的次数）。目前转换速率较高的并行式 A/D 转换器，其转换速率可达数十兆（20～50MSPS），而一般较高分辨率的 A/D 转换器，其转换速率都比较低，例如 4 位半 BCD 码输出的双积分型模数转换器 7135，其转换速率大约为 10Hz；24 位输出的Σ-Δ型模数转换器 LTC2440，在低噪声输出时仅 7Hz，降低分辨率使用时，典型速率为 880Hz。

实际上转换速率与有效分辨率是相互制约的两个指标，选择时应综合考虑。

1.4.3 模—数变换器的原理简介

模数变换器种类很多，构成原理也各不相同，下面仅对在地震前兆观测领域比较常用的逐次比较型、双积分型及Δ-Σ型等模数变换器进行介绍。

1.4.3.1 逐次比较型模数变换器

逐次比较型模数变换器原理如图 1.4 所示。

转换起始时在逐次逼近寄存器中先设定一个数码，此数码经 DAC 转换后的输出电压 U_0 恰好是输入电压满值的一半。输入模拟电压 U_i 和 DAC 输出的反馈电压 U_0 相比较，若 $U_i > U_0$，则控制器使寄存器数码增加；反之，若 $U_i < U_0$，则控制器使寄存器的数码减小，从而使 U_0 随之变化。改变后的 U_0 再与 U_i 比较，这样不断进行下去，每次把 U_i 可能处的范围缩窄一半，直到 U_0 与 U_i 相接近时才停止比较。此时寄存器中的数码就是输出的数字量。这种工作方式就和用天平称重时加砝码的过程一样，输出电压是通过逐次加码比较来逼近被转换电压的，因而得名逐次比较型 A/D 转换器。

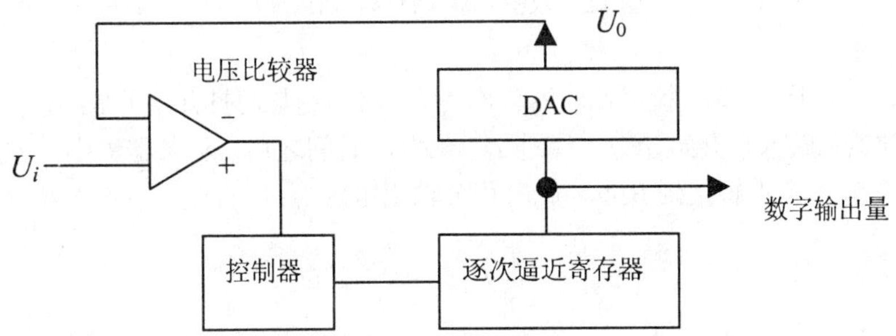

图 1.4 逐次比较型模数变换器

一个 n 位的逐次逼近寄存器完成转换需要的转换时间就是 n 个时钟脉冲，其 DAC 的转换精度和比较器的精度就决定了 ADC 的转换精度。

1.4.3.2 双积分型模数变换器（ADC）

双积分型 ADC 又叫双斜率 ADC，其工作原理如图 1.5 所示。

其基本工作原理是：将一段时间内的模拟电压通过两次积分，变换成与这段时间内电压平均值成正比的时间间隔，然后利用已知频率 f 的时钟脉冲和计数器测出此时的时间间隔，则计数器上读得的数值就和输入电压的平均值成正比，从而实现了把模拟电压转换成数字量的功能。图 1.5 的工作过程如下。

首先使计数器复“0”，积分电容 C 完全放电后开关 S_0 开路，电路作好接收输入模拟信号 U_i 的准备。

开关 S_1 倒向 A 端，输入模拟电压 U_i 加到积分器的输入，积分器从原始状态 0V 开始积分，输出电压 U_0 随时间线性减小，其 U_0 的表达式为：

$$U_0 = -\frac{1}{\tau}\int_0^t U_i \mathrm{d}t$$

式中　$\tau = RC$。

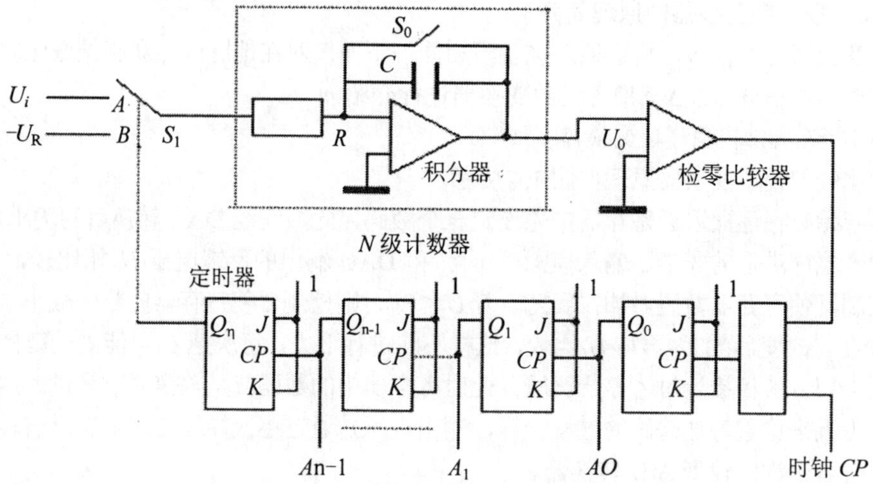

图 1.5　双积分型 A/D 转换器原理

与此同时，由于 $U_0<0$，检零比较器输出为 1，将控制与门打开，于是周期为 T_{CP} 的时钟脉冲加到计数器的输入端开始计数。经过 $T_1 = 2^n T_{CP}$ 时间之后，计数器溢出，并产生一进位脉冲，使开关 S_1 由 A 点转接到 B 点，此时积分输出电压为：

$$U_{01} = -\frac{T_1}{\tau}U_i = -\frac{T_{CP}}{\tau}2^n U_i$$

式中，U_i 为输入电压 U_i 在 T_1 时间间隔内的平均值。

在 S_1 转接到 B 点后，与被测电压极性相反的基准电压 U_R 加到积分器的输入端，积分器开始对 U_R 积分。积分输出由 $-U_{01}$ 向正向移动，其积分器的输出波形如图 1.6 所示。

此时计数器连续计数，直到积分输出电压刚刚变为正值时为止（T_2 时刻）。此时比较器的输出变为 0，与门被禁止，计数器停止计数。由图 1.6 可见，在时间 T_2 时 $U_0 = 0$，因而 U_{01} 还可表示为：

$$U_{01} = -\frac{1}{\tau}\int_0^{(T_2 - T_1)} U_R \, dt$$

若在 $T_2 - T_1$ 时间内计数器记录的数为 λ，则可得：

$$\lambda = 2^n \frac{U_i}{U_R} \quad 或 \quad U_I = \frac{U_R}{2^n}\lambda$$

可见计数器的计数值就表达了输入电压 U_i 的数字化值。

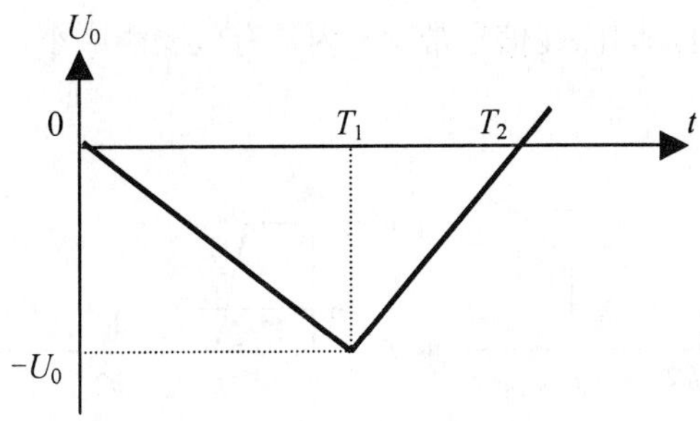

图 1.6　积分器输出波形

1.4.3.3　Σ-Δ型模数变换器

Σ-Δ型 A/D 转换器是近几年来新发展起来的一种模数转换器，其高分辨率、高信噪比特性可以和双积分型 ADC 比美，甚至更甚，但转换速度却比双积分型 ADC 快得多，是高精度数据采集器的首选芯片。

Σ-Δ型 A/D 转换器由两个主要模块组成，一个是Σ-Δ调制器，一个是数字低通滤波器和分样器，如图 1.7 所示。

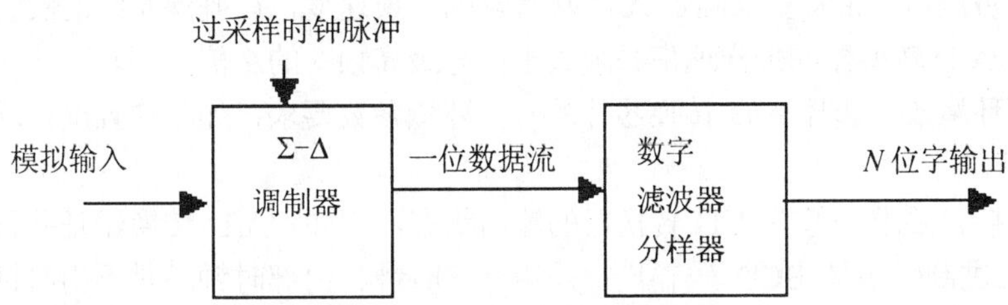

图 1.7　Σ-Δ型 AD 转换器结构框图

Σ-Δ调制器是基于过采样的一位编码技术，Δ意为增量，Σ意为积分，在基本Δ调制器中加入一个积分器（或模拟低通滤波器）就构成了Σ-Δ型调制器。它输出的是一位编码数据流，反映了输入信号的幅度。通常，调制器以大于奈魁斯特速率许多倍的速率采样模拟输入信号，称为过采样，对模拟信号的样值进行调制，输出一位编码的数据流。经数字低通滤波器处理和分样（用小于过采样速率的采样率对数字信号进行再采样），除去噪声，得到 N 位编码输出。

图 1.7 中数字滤波器是一个多极点高斯低通滤波器，对一位的数据流进行数字低通滤波和分样处理。由于数字滤波器放在 A/D 转换之后，所以它能除去之后过程中注入的噪声。而模拟滤波器在 A/D 转换之前，它能除去叠加在模拟信号上的噪声，提高输出的信噪比。

Σ-Δ型 A/D 转换器之所以有较高的分辨率和信噪比，根本原因是采用了过采样技术，把更多的量化噪声压缩到基本频带外边的高频区，并由数字低通滤波器滤除这些带外噪声，如图 1.8 所示。图中，f_a是输入信号的带宽，对于给定的采样速率 f_s，在带宽 $f_s/\sqrt{2}$ 内，量化理论给出的噪声有效值 $V_n = q/\sqrt{2}$ （q 是最低有效位的权），若 f_a 为常数，f_s增加，则量化噪声将扩散在一个很宽的带宽内。因而在信号带宽f_a内，有效噪声减小，分辨率提高。

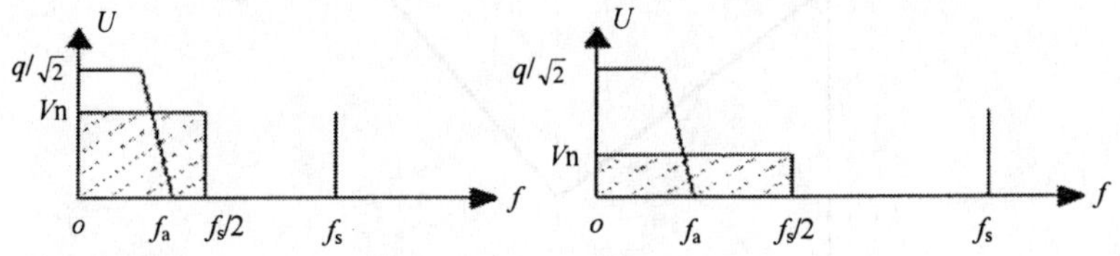

图 1.8　量化噪声示意图

1.4.3.4　模数转换器芯片的选用要点

A/D 转换器是数据采集器的核心部件，选用什么样的 A/D 芯片关系到数据采集系统的技术指标、系统结构、供电、环境要求等因素，因此必须慎重考虑。一般要注意以下几点原则：

(1) 根据用户提出的数据采集综合精度要求确定 A/D 转换器的分辨率。综合精度与传感器误差、信号调节电路误差和 A/D 转换器的转换误差有关，应将综合精度指标在各个环节上进行合理分配，以确定对 A/D 转换器的精度要求，据此确定 A/D 转换器的分辨率。

(2) 根据被测信号带宽要求确定 A/D 转换器的转换速度，以确保系统的实时性要求。根据采用定律，A/D 转换器的采样速率必须大于信号最高频率的 2 倍。

(3) 根据环境条件选择 A/D 转换芯片的一些环境参数要求，如工作温度、功耗、供电要求、可靠性等。

(4) 根据接口要求，考虑 A/D 转换器的输出状态，例如，A/D 转换器是并行输出还是串行输出；是二进制码还是 BCD 码输出；是用外部时钟、内部时钟还是不用时钟；有无转换结束状态信号；与 TTL、CMOS 及 ECL 电路的兼容性。

1.5　D/A 转换器

D/A 转换器是将数字信号转变为模拟信号的器件，例如在数字化地震计中，为了方便有人值守台站观测，可将数字化地震观测数据经过 D/A 转换变成模拟信号，再由可见记录显示出实际地震波形。

1.5.1　D/A 转换器的基本结构

数字量是以代码按数位组合起来表示的，每一位代码都有一定的“权”，即代表一具体数值。例如，用 8421 码表示的二进制数 1010，第四位代码的“权”是 8，代码“1”表示的数值位为“8”；第三位代码的“权”是 4，代码“0”表示这一位没有数；第二位代码的“权”是 2，代码“1”表示数值为“2”；　第一位代码的“权”是 1，代码“0”表示这一位没有数。这样，1010 所代表的十进制数是 10。因此，数/模转换器实质上也是一种译码电路，将数字量的每一位代码按其“权”的数值变换成（译码成）相应的模拟量，然后将代表各位的模拟量相加，从而获得与该数字量成正比的模拟量，这样就完成了一次数字一模拟的转换过程，简称 D/A 转换。D/A 转换器的基本结构如图 1.9 所示。

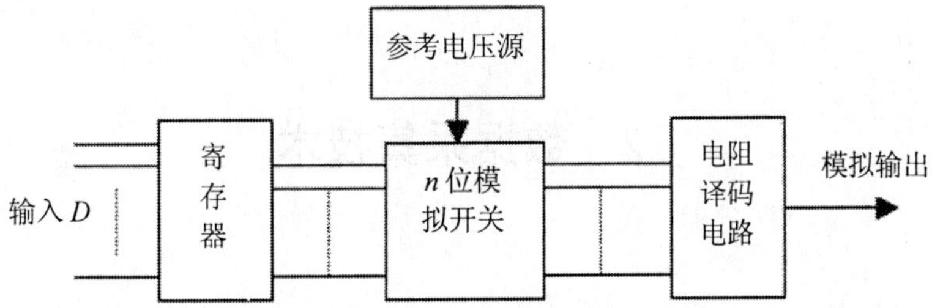

图 1.9　D/A 转换器的基本结构

1.5.2　主要技术指标

D/A 转换器的主要性能指标有静态指标和动态指标。

和 A/D 转换器类似，D/A 转换器的静态指标主要包括分辨率和精度两项。D/A 转换器的分辨率表示当输入数字发生单位数码变化时（即 LSB 位产生一次变化）所对应输出模拟量的变化量，或者用输入数字量的位数来表示。D/A 转换器的精度与多种因素有关，不仅与分辨率有直接关系，而且影响转换精度的主要因素还有失调误差（零点误差）、增益误差（标度误差，实际输出值与理想输出值之间的偏差）、非线性误差（实际转换特性曲线与理想曲线之间的最大偏差）、微分非线性误差（任意两个相邻数码所对应的模拟量间隔与标准值之间的偏差）。

D/A 转换器的动态指标主要有模拟电压的建立时间和尖峰。对一般速度较慢的系统来说，建立时间容易满足（D/A 转换器的建立时间一般都在毫秒数量级），而对尖峰问题必须在系统设计时加以考虑。引起模拟输出尖峰的原因是由于开关在转换过程中，其“导通”延时时间和“截止”延时时间不相等引起，从而造成瞬间的全“0”，使模拟输出向下猛跌，造成一个很大的尖峰误差。由于尖峰出现的幅值和出现的时刻不是周期性的，一般不能通过简单滤波电路完全消除掉，具体消除措施可参考有关专业书籍。

1.5.3　D/A 转换器选用注意事项

选用 D/A 转换器时一般须注意以下几点：

(1) 主要技术指标是否满足要求；

(2) 是否方便接口；

(3) 对参考电压源的要求，内部是否自带参考电压源；

(4) 数据输入码与模拟输出电压的极性。

2 数据采集技术

任何一个测量系统（或测量整机）一般包括主机和传感器两大部分，主机一般通称为二次仪表，即我们所说的数据采集器；传感器通常称为一次仪表，习惯上称为探头。整机的技术指标显然与主机和传感器二者都相关，本章主要讨论数据采集技术。

2.1 数据采集器的主要技术指标

2.1.1 数据采集器的分辨力

数据采集器的分辨率是指主机系统读数对输入信号的分辨能力，它比 A/D 转换器的分辨率包含有更多的影响因素，除了与 A/D 转换器的分辨力有关外，还与模拟通道电路噪声电平大小、电路布线引起的高频干扰、元器件参数变化等因素有关。因此要设计出高分辨力的数据采集器，必须综合考虑系统各个环节。

2.1.2 数据采集器的准确度

准确度或精确度简称精度，反映测量结果中系统误差的影响程度，表征测量结果稳定地接近真值的程度。准确度可用绝对精度或相对精度表示。

精度指标必须采用计量手段，由上一级标准检定给出。精度指标是在一定测试条件下的精度，例如计量仪器在温度范围（20±1）℃保证精度，地震前兆仪器保证精度的温度范围不应小于 0～40℃。脱离该条件，精度指标不能保证。另外，一次检定测试给出的精度只能保持一段时间内有效（例如 1 年），超过该时间段，必须重新检定。有效期的长短由仪器的长期稳定性指标决定。

地震前兆公用数据采集器采用相对精度指标给出，例如地震前兆公用数据采集器的相对精度指标为 0.01%±1 个字。对于一个有效输出 4 位半、测量范围±2V 的数据采集系统，其转换的绝对精度为±0.1mV，两种表示方法是一致的。

2.1.3 数据采集器的采样速率

数据采集器的采样速率定义了用户获取数据的速率，它取决于信号频带宽度并服从采样定律，与 ADC 芯片的转换速率不能混淆。当 A/D 转换器每输出一个数据，数据采集系统都作为一个观测数据保存时，则两者是一致的。一般情况下，数据采集器每测量一个数据通常都是将 ADC 的多个输出数据进行累加、取平均等处理得到，因此其数据采样率总是低于 ADC 芯片的转换速率。特别是当设计者通过“过采样”方式来提高数据采集器的精度时，往往 ADC 的采样率要比数据采集器的采样率大许多倍。

2.2 数据采集器的基本构成

2.2.1 结构框图

自从计算机技术发展到高度集成，并被引入到数据采集系统的设计之中，数据采集系统的体系结构设计相对规范，大致可以由四大部分组成：主控单元（CPU）、模数转换单元、存储单元、通信单元。如图 2.1 所示。

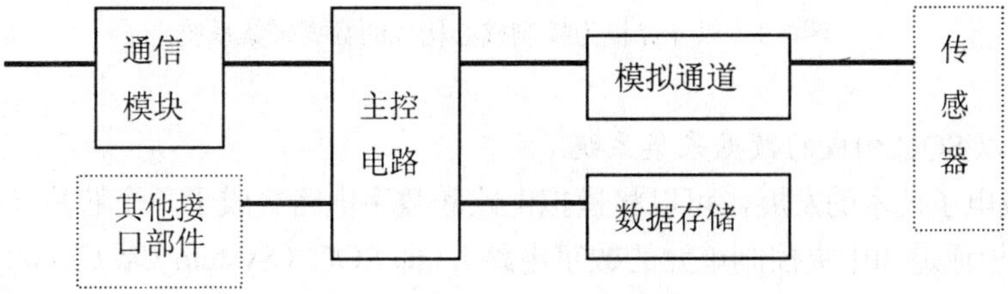

图 2.1 数据采集器的一般结构框图

2.2.2 主控电路

数据采集器的主控电路设计可以有不同选择，以下介绍常用的三种方案。

2.2.2.1 CPU 或 MCU 为控制核心实现数据采集系统设计

图 2.2 示意了一个以 CPU 为控制核心构成的数据采集系统，它是一个集硬件设计和软件设计相结合的应用系统，可以充分发挥设计者的智慧，设计灵活、实用性强，是本书要着重介绍的技术方案。

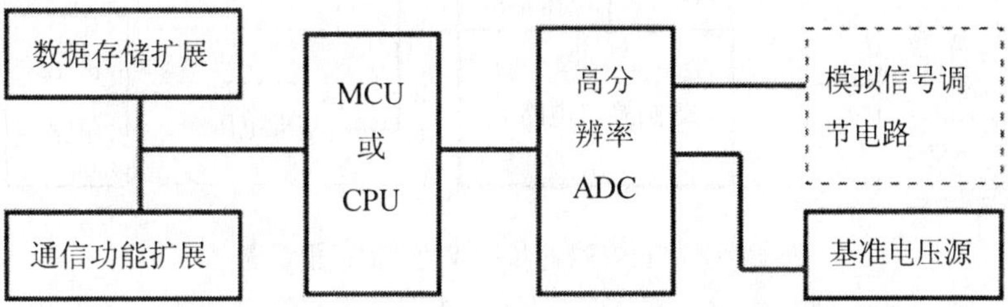

图 2.2 以 MCU 或 CPU 为控制核心构成的数据采集系统

2.2.2.2 以通用 PC 或 PC/104 为控制核心的数据采集系统

通用 PC 或工业控制计算机（PC/104）本身是一个完善的数字化系统，并具有强大的控制功能、数据存储处理功能和数据通信功能，若是依赖计算机平台扩展模拟通道，则可以很方便实现任何复杂的数据采集系统。该方案的优点是明显的，通用性强、硬件资源丰富、开发周期短。结构框图如图 2.3 所示。

但在某种意义上说这种方案也存在缺点，即系统相对比较庞杂，不容易做到低功耗，可靠性受到一定影响，系统内部部分功能是多余的，造成资源上的浪费，也不利于低功耗，因而不是一个最优化系统。

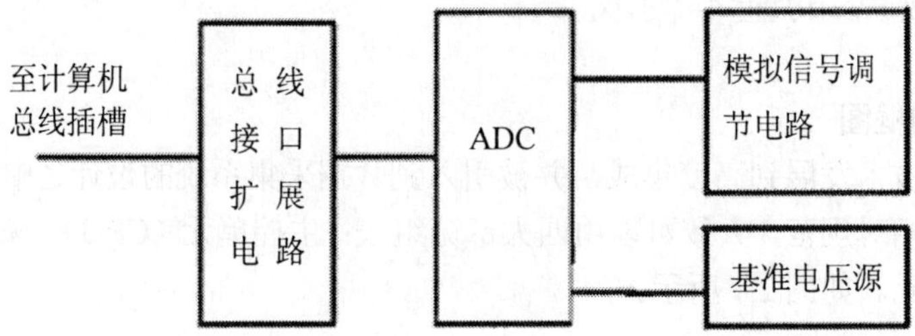

图 2.3　以计算机为控制核心构成的数据采集系统

2.2.2.3　以 SOC 构成的数据采集系统

现代集成电子技术的发展，可以将模拟电路和数字电路集成于一个芯片（即包含高分辨率 ADC 的模拟通道和中央控制单元的数字电路），即 SOC（System On Circuit）片上系统，其最大特点是系统集成度高、电路简单、开发周期短、系统调试方便，特别适合控制系统不太复杂、数据存储量不大、无须功能扩展即可满足要求的应用场合。这类器件已有不少型号投放市场，比较典型的型号有 MSC1210、C8051F35x 等，它们内部都包含有 8 位 CPU、24 位分辨率的模数转换器和其他相关的功能部件。

图 2.4 示意了 SOC 芯片系统结构，其系统内部所包含的硬件资源比较丰富，在许多场合，仅一片 SOC 供上电就可以实现目标系统。

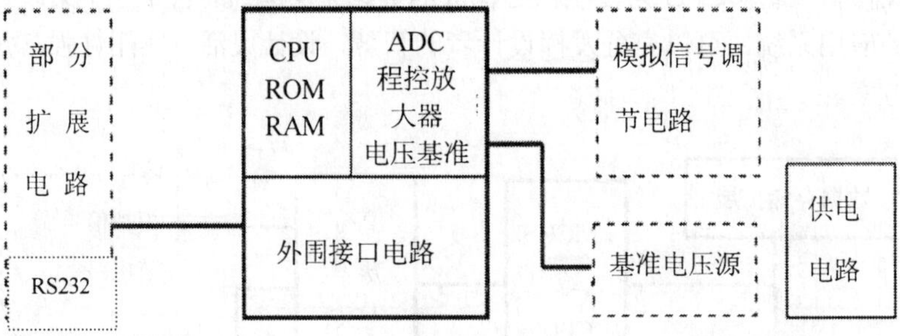

图 2.4　用 SOC 芯片构成的数据采集系统

SOC 构成的系统简单，其使用场合有较大局限性，很多场合不容易选择到能够完全满足要求的 SOC 芯片，但作为子系统却往往是最佳选择。若加上适当外围电路时（图中虚线框住部分），又可使 SOC 应用范围进一步扩大。特别是作为一次仪表或智能传感器，可以很方便实现模拟信号到具有标准接口的数字化信号的转换。

2.2.3　信号调节

信号调节电路通常包含信号类型变换、信号滤波、多路转换、程控放大等环节。

2.2.3.1　信号类型变换

信号类型变换包括电流电压变换、极性变换、阻抗变换等电路，不同系统中包含的功能电路也不一样，根据需要确定。例如传感器信号为差动时一般需要先变成单端信号；电流输出应先变为电压输出等。有时须在前端加低通滤波器滤去高频噪声。

2.2.3.2　多路切换

通过多路切换可以实现一路模数转换器对多路模拟信号的转换，大大提高模数转换器的使用效率。由于模数转换器通过分时处理不同模拟输入信号，因而只适合较低采样率的系统，对高频采样显然不适合。

常用多路转换开关有电子式转换开关和机械式开关两种。如图 2.5 为转换开关示意图，其中（a）为 CD4051 电子开关电路，可实现 8 选 1 功能；（b）为机械触点双刀继电器开关的典型应用电路，多路输入时可由多个继电器组成。

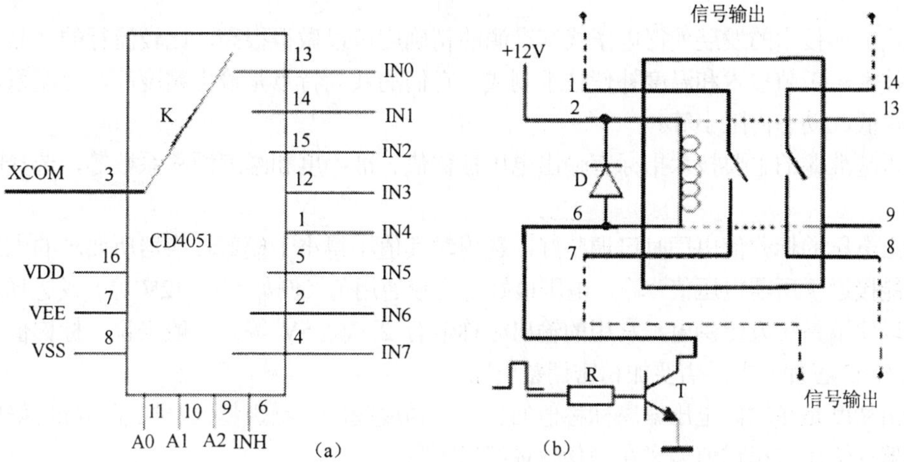

图 2.5　多路转换开关示意图

（a）电子开关 CD4051 逻辑；（b）继电器转换开关示意

2.2.3.3　程控放大

对微弱信号来说，直接输入给模数转换器进行转换会影响转换精度，一般需要作适当放大。信号放大器的主要作用是将微弱的模拟输入信号放大一定幅度，以便更适合模数转换器转换。

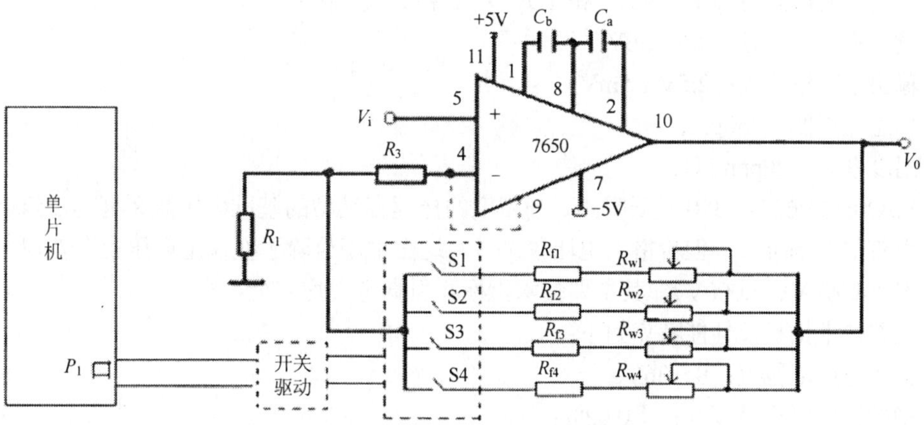

图 2.6　用 7650 构成的可程控放大器

图 2.6 给出了精密运放 7650 可程控放大器的逻辑电路，7650 的放大倍数取决于反馈电阻 R_f和 R_1 的比值，主控电路通过驱动开关选择不同反馈电阻实现对信号放大倍数的程序控制。

2.2.3.4 电压基准源

电压基准源是模数或数模转换电路中的重要部件，系统输出精度在很大程度上依赖于电压基准源的精度。早期的高精度精密基准源通常采用标准电池，虽然精度比较高，但输出对温度比较敏感，输出仅能提供几毫安的电流，一旦过载或倒置，恢复时间长达数周乃至数月。

现代电子技术的发展使得电子式基准源的精确度可以做得很高，比较流行的产品大多利用齐纳技术、带隙技术和温度补偿技术制成，它们的共同特点是输出精度高、温度系数小、输出噪声低、动态内阻小等。

电压基准源的主要技术指标有输出电压标称值、准确度和温度漂移系数等，选择时应特别注意。

输出电压的标称值出厂时已调整好，选用时其值不得小于模数转换器所要求的电压值，应尽可能接近于所需电压值。输入电压最好是比较通用值（例如 5V、12V 等）或选择范围比较宽，以便于系统方便供电。常用的输出标称值有 2.5V、5V 等。一般来说，标称值不能恰好满足 ADC 芯片要求，需要加精密调整电路。

输出精度是指输出电压偏离标称值的程度，精度越高、噪声越低，性能越好。好的电压基准源器件输出与标称值偏离在毫伏数量级以下。

温度漂移系数是指环境温度每变换 1℃所引起的输出电压变化值，是基准电压源的一个很关键的指标，温漂系数越小，说明输出电压在很宽的温度范围内都具有较高的稳定性。在野外测量，特别是在地震前兆观测技术领域，仪器工作环境温度变换非常大，选择电压基准源器件时尤其要注意它的温度漂移系数。温度漂移系数一般在几十 ppm/℃，高质量的基准源温漂系数可以做到 1ppm/℃以下。

常用的基准电压源芯片有 AD680、MAX6325/6341/6350、LH199/299 等，其中 AD680 是利用带隙技术制成的基准源器件，初始精度和温度系数采用激光调整，精度高、性能价格比高。其封装形式有 DIP、SOIC 和 TO－92 三种。其主要特点如下：

输入电压范围宽：4.5～36V；

输出电压精度高：2.5V±5mV；

静态电流低：250μA；

温度系数：20ppm/℃；

MAX6325/6341/6350 是低噪声、高精度的掩埋齐纳型的基准电压源系列芯片组，其性能要优于带隙型基准源，但价格上也比较昂贵。这三种型号除了在输出电压上有差别（分别为 2.500V、4.096V、5.000V），其主要技术指标和引脚定义均完全一样。

主要技术指标及性能特点如下：

输入电压范围宽：8～36V；

初始输出电压精度高：±0.02%；

输出负载电流：±15mA；

温度系数：0.5ppm/℃，最大不超过 1 ppm/℃；

噪声幅度极低：在 0.1～10Hz 频率范围仅 1.5μVp-p。

LH199/299 是低噪声、高精度的温度补偿型的基准电压源系列，由于内部采取温度补偿措施，其性能要远远优于一般带隙型基准源，但价格上也比较昂贵。其主要技术指标和引脚定义如下。

主要技术指标及性能特点如下：

输入电压范围宽：8V～36V；

初始输出电压精度高：6.9V±0.02%；

输出负载电流：±15mA；

温度系数：0.1ppm/℃，最大不超过 1 ppm/℃；

噪声幅度极低：在 0.1～10Hz 频率范围仅 1.5μVp-p。

2.2.4 常用的几种模数转换器简介

前面已经介绍模数转换的一般原理，本节着重介绍几种常用 ADC 芯片的应用知识。

2.2.4.1 ICL7135 芯片应用简介

(1) ICL7135 引脚定义及基本连接方式。

ICL7135 是美国 Intersil 公司生产的双积分型、4 位半 BCD 码输出的 A/D 转换器，价格便宜、使用广泛。国内也有同类型产品，如 5G7135(原上海无线电五厂)。图 2.7 给出了 ICL7135 的引脚排列及基本连接方式，各个引脚定义如表 2.1。

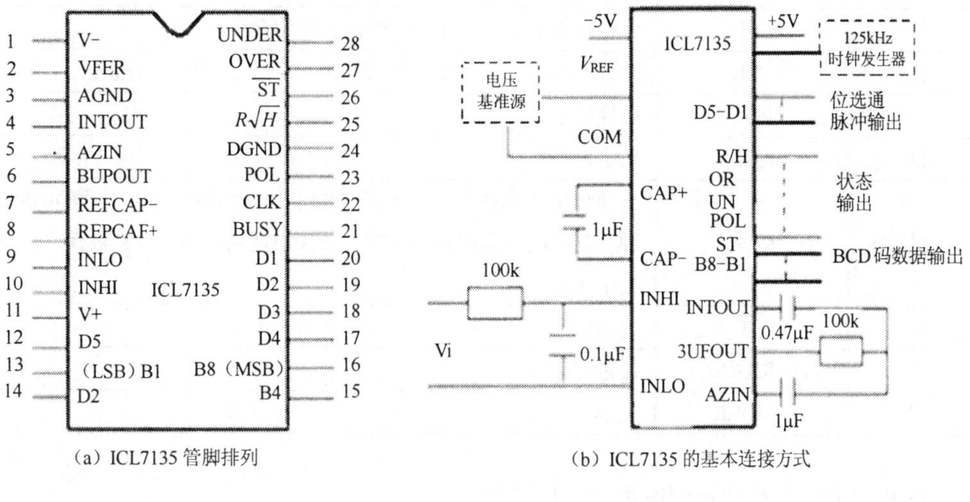

图 2.7 ICL7135 的管脚排列和基本连接方式

ICL7135 具有 4 位半转换精度，可自动校零点、自动极性输出、动态字位扫描 BCD 码输出、自动量程控制信号输出等特点，价格低廉、使用方便，因而应用十分广泛，是前些年高精度测量领域的主要产品。

表 2.1 ICL7135 的引脚排列及定义

引脚序号	引脚符号	引脚说明
1，11	V-，V+	ICL7135 采用双电源供电，标称值为±5V，极限值为+6V，-9V
2	V_{REF}	参考电压源的正极，负极与模拟地相连
3	AGND	模拟地
4	INTOUT	积分器输出端，外接 0.47μF 电容
5	AZIN	自校零端
6	BUFOUT	缓冲放大器输出端
7，8	$REFCAP_{R+}$ $REFCAP_{R-}$	外接 0.1μF 参考电容
9，10	INLO INHI	模拟输入端，差动输入方式，若单端时则一端接模拟地
12	D5	“万”位选通端
13，14 15，16	B1，B2 B4，B8	BCD 码输出端，其中 B1 为 LSB，……，B8 为 MSB，按 8421 编码方式输出某个数据位
17，18 19，20	D_4，D_3 D_2，D_1	位选通脉冲输出，其中 D4 为“千”位选通，D3 为“百”位选通，D2 为“十”位选通，D1 为“个”位选通，该脉冲标志了将要输出的数据属于那一位
21	BUSY	转换状态标志，BUSY=1 时表示正在转换
22	CLK	时钟输入，当转换时钟为 125kHz 时对工频抑制能力最强
23	POL	极性信号
24	DGND	数字地
25	$R/\overline{H}$	自动转换/停顿控制，当该脚为高时为自动转换方式，每隔 40002 个时钟重复一次；当该脚为低时，转换周期完成后，数据被保持，直到低电平状态结束
26	$\overline{ST}$	选通信号
27	ORERRANGE	过量程信号
28	UNDER	欠量程信号

(2) ICL7135 芯片的控制逻辑及接口连接。

ICL7135 的接口控制时序如图 2.8 所示。整个转换过程可分为四个阶段，即系统调零阶段（10001 个时钟）、信号积分阶段（10000 个时钟）、基准电压积分阶段和积分输出零阶段（共 20001 个时钟），每完成一次转换周期共需 40002 个时钟脉冲，转换结果（实际上是上一次的结果）以四位二进制形式的 BCD 码输出（B8，B4，B2，B1），并同时送出各位的“位同步选通”信号（D5，D4，D3，D2，D1）。当 D5=1 时，B8，B4，B2，B1 这四个信号对应为万位；当 D4=1 时，B8，B4，B2，B1 这四个信号对应为千位；其余依次类推。同时，在每个转换周期，只产生五个负脉冲（由 ST 脚输出），其输出时间对应在每个转换周期的五个位选通信号的中间。

根据图 2.8 接口时序，给出了图 2.9 所示接口电路。编程时可以采用中断方式或查询方式。采用中断方式时，ICL7135 的 ST 引脚作为中断源直接与单片机的中断线 INT0 连接，ICL7135 每完成一个数据转换，由 ST 引脚按照由高位到低位的顺序连续发出 5 个中断脉冲，单片机每接收到一个中断请求，立即由 P2 口读取相应位的数据。

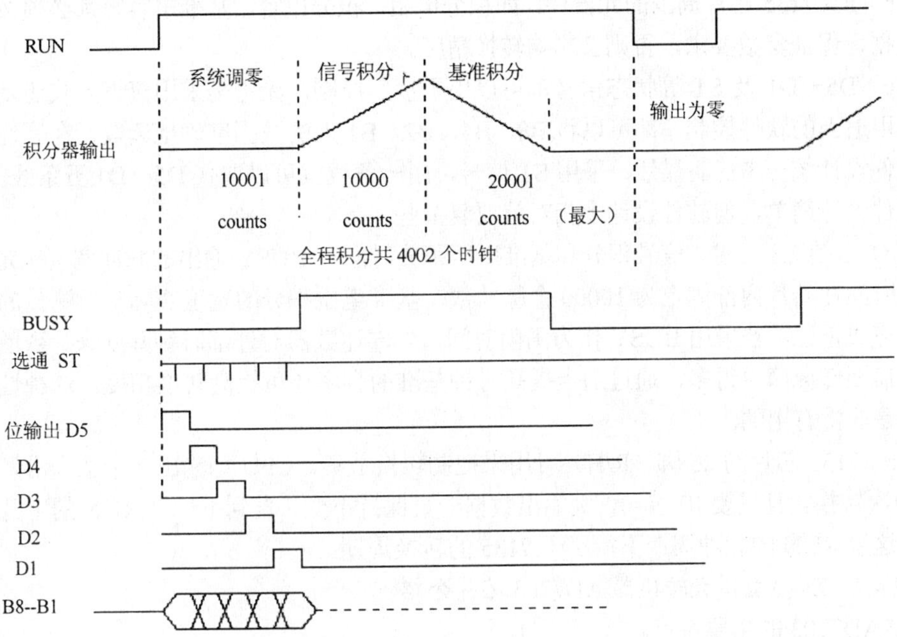

图 2.8 ICL7135 接口控制时序

采用查询方式时，单片机直接查询 P1 口的低 5 位，当低 5 位不等于 0 时，立即读取 P2 口数据，并根据 P1 口不等于零的位来确定所读取得数据是哪一位。

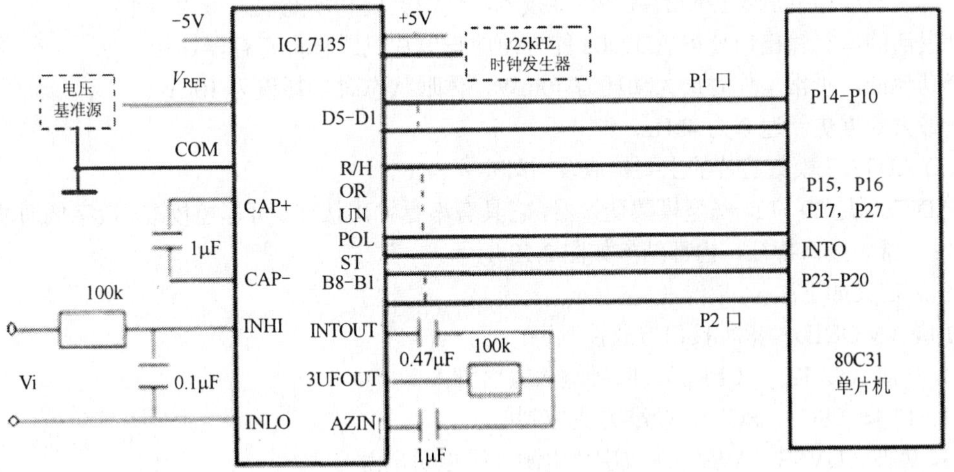

图 2.9 ICL7135 与单片机接口

(3) 使用注意事项。

在设计和使用 ICL7135 时要注意以下几点：

（a）ICL7135 的转换速率与主时钟频率有关，例如当 f_{CLK}=125kHz 时，转换周期为 40002/125=320（ms），即每秒转换 3 次。

（b）ICL7135 芯片周围的元器件，如积分电阻、积分电容、基准电容等都必须按厂家给出的数据，保证参数要求，否则会影响转换精度。

（c）D5－D1 及 ST 等状态信号都可以用于接口控制，无论是采用查询方式还是中断方式，采用适当的软件控制，都可以将 B8，B4，B2，B1 上的数据准确地读取，在硬件设计时要和软件设计统一考虑。显然，采用 ST 信号，用一条线就可以取代 D5－D1 五条线的作用，因而硬件设计简单，但软件设计上相对就要复杂些。

（d）由图 2.8 可见，信号积分和基准电压积分时间有 BUSY 输出的脉冲宽度确定，而信号积分时间在芯片内部固定为 10000 个脉冲数，基准电压积分的宽度实际与所测量的输入模拟电压值成正比，若采用 BUSY 作为闸门时间，外部计数器对外部时钟基准来计数的话，则不仅接口硬件会简单得多，通过适当提高时钟基准的频率还可提高转换精度。这种性质在某些场合是非常有用的。

（e）7135 芯片的 25 脚（R/H）可用来控制转换节奏，CPU 每输出一个上升沿，即起动 7135 一次转换，且只要 RUN=0，则输出数据一直保持不变，直到下一个 RUN 的上升沿的到来。但这里 RUN 的脉冲周期不得小于 7135 的转换周期。

2.2.4.2 Σ－Δ型模数转换器 AD7703 芯片介绍

(1) AD7703 的主要特点。

AD7703 是 20 位Σ－Δ型模数转换器，它采用过采样技术及片内自校准技术，使得其转换精度高，积分非线性误差极小，非常适合用于高精度数据采集系统，被广泛应用在地震前兆观测系统中。AD7703 具有如下特点：

*采用高倍率的过采样技术和Σ－Δ转换技术，提高了信噪比；

*输入级采用了斩波自稳零技术，使得 AD7703 的输入漂移极低，便于信号接口；

*片内校准微控制器控制的数字校准技术，使得失调和增益误差减为最小；

*灵活的串行输出口使得 AD7703 能方便地与单片机或移位寄存器连接；

*功耗低，正常工作时最大功耗为 40mW，休眠状态时功耗仅为 10μW；

*最大数据更新速率为 4kHz。

(2) AD7703 模数芯片的主要构成及引脚定义。

AD7703 是 20 位Σ－Δ型模数变换器，它具有串行输出接口、可程控校准、数字低通滤波、时钟发生器等接口特征，内部结构如图 2.10 所示。

引脚定义如下：

1 脚（MODE）：串行接口方式控制字；

2、3 脚（CLK_{out}、CLK_{in}）：时钟输入输出脚；

4、17 脚（SC1、SC2）：校准方式控制；

6、7 脚（DVSS、AVSS）：数字负电源、模拟负电源；

5、8 脚（DGND、AGND）：数字地和模拟地；

9 脚（A_{in}）：模拟信号输入；　　10 脚（V_{REF}）：参考电源输入；

11 脚（SLEEP）：休眠控制；　　12 脚（BP/UP）：双极性/单极性控制；
13 脚（CAL）：校准控制；　16 脚（CS）：片选端；
14、15 脚（AVDD、DVDD）：模拟正电源、数字正电源；
18 脚（DRDY）：数据准备好（状态）；
19 脚（SCLK）：串行时钟输入/输出；
20 脚（SDATA）：串行数据输出。

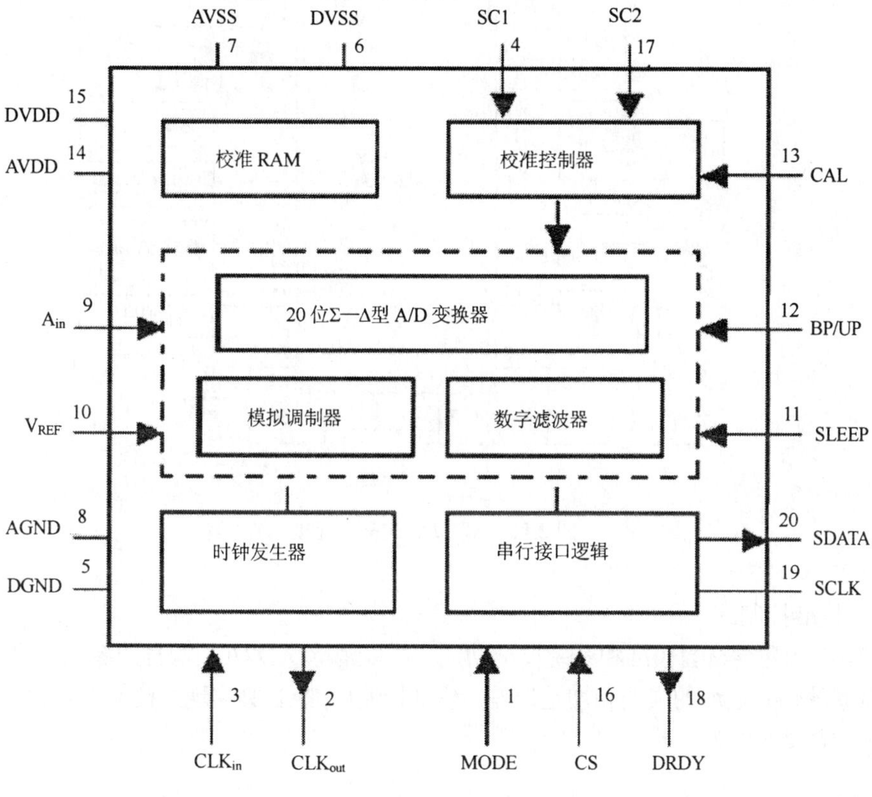

图 2.10　A/D7703 模数转换芯片的功能框图及引脚定义

(3) AD7703 模数器使用要点。

（a）时钟选择。

AD7703 的采样速率、输出数据速率、滤波特性及校准时间都与主时钟频率 f_{CLKIN} 密切相关，因此是用 AD7703 设计数据采集系统时首先要考虑的问题。AD7703 的主时钟可以由外部输入（加到 CLK_{in} 脚），也可由外部石英晶体接在 CLK_{in} 和 CLK_{out} 引脚之间构成振荡器获得。当使用 4.096MHz 振荡频率的石英晶体时，可省略掉电容器 C_1、C_2；若使用 3.579MHz 的晶体，C_1=C_2=20pF；若用 2.0MHz 的晶体，C_1=C_2=30pF。见图 2.11。

（b）模拟输入范围、极性、参考源及供电问题。

AD7703 是相对于外部参考源 V_{REF} 为基准的 A/D 转换，其输入信号的极性可以是单极性，也可以是双极性，由 BP/UP 引脚控制。当 BP/UP=0 时，为单极性输入，输入范围为（V_{REF}－V_{AGND}），输出是单极性二进制码（20 位 ADC）；当 BP/UP=1 时，为双极性输入，输入范围为$\pm V_{REF}$，输出是偏移二进制码（实际为 19 数据有效位）。AD7703 的参考源电压从 1～3V，典型值为 2.5V。

AD7703 要求有双电源供电（±5V），并且模拟电源和数字电源不要共用同一电源，上电时模拟电源要求先于数字电源，以确保系统工作正常。电源供电的典型接法如图 2.11 所示。

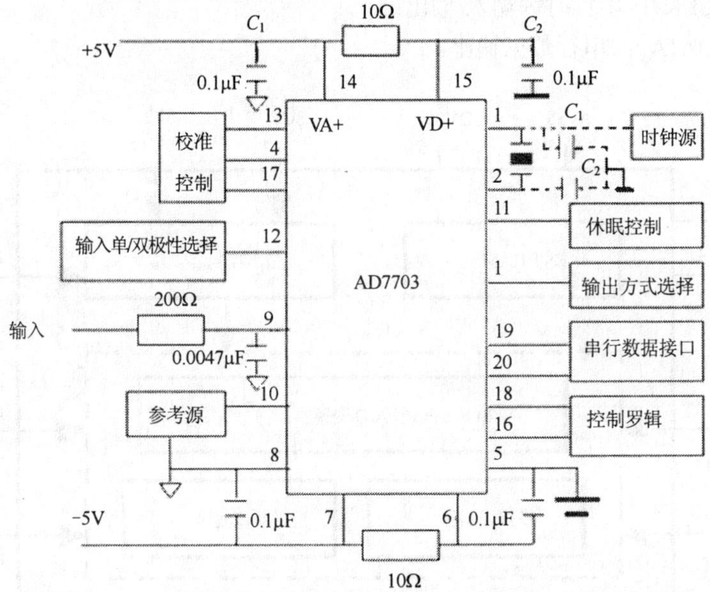

图 2.11　AD7703 的基本连接

（c）校准控制。

AD7703 内包含有自校准和系统校准功能，即能消除 AD7703 本身的零点、增益和漂移误差以及系统输入通道的失调和增益误差。校准控制由 CAL 脚实现，校准方式由 SC1、SC2 的编码决定，如表 2.2 所示。

表 2.2　AD7703 校准方式的编码

CAL	SC1	SC2	校准方式	零点校准	满度校准	顺序	校准时间
	0	0	自校准	AGND	VREF	单步	3145655/CLKIN
	1	1	系统偏差和	AIN		第一步	1052599/CLKIN
	0	1	系统增益		AIN	第二步	1068813/CLKIN
	1	0	系统偏差	AIN	VREF	单步	2117389/CLKIN

当 SC1=0、SC2=0 时为单步方式自动校准，此时的零点是 A/D7703 内部的模拟地，满度值是由外部 VREF 脚加入的信号。

当 SC1=1、SC2=0 时为单步方式系统校准，此时的零点校准不再是内部自动将输入端接地，而是由外部给入端加零点校准信号。这种方式的优点是可以校准系统零点。例如在 DSC-2 系列数据采集器中将运放电路也包含在零点校准环路内，以消除整个模拟通道的影响。满度校准步骤与自动校准方式一样。显然，在启动单步方式系统校准之前，必须首先将运放的入端接地。

当 SC1=1、SC2=1 和 SC1=0、SC2=1 时为两步方式系统校准，此时的零点校准不再是内部自动将输入端接地，而是由外部给入端加零点校准信号；满度校准时的 V_{REF} 也不再是内部自动连接，而是由外部电路接入。两步方式系统校准步骤完全由程序控制，首先使 SC2=1、SC1=1，输入端接地，然后使 CAL 端为高并保持 3us，完成系统零点校准；再使和 SC2=1、SC1=0，输入端接 V_{REF}，启动校准完成系统的斜率校准。

(4) AD7703 与单片机接口举例。

A/D7703 本身有两种工作方式：内部时钟同步工作方式和外部时钟同步工作方式，由 MODE 引脚（1 脚）的电平控制选择。下面以内部工作方式为例，介绍 AD7703 芯片与 CPU 接口应用。

（a）内部时钟同步工作方式时序。

当 MODE=1 时，AD7703 工作在内部时钟同步方式（SSC），时序如图 2.12 所示，数据由片内产生的串行时钟脉冲 SCLK 同步控制输出。

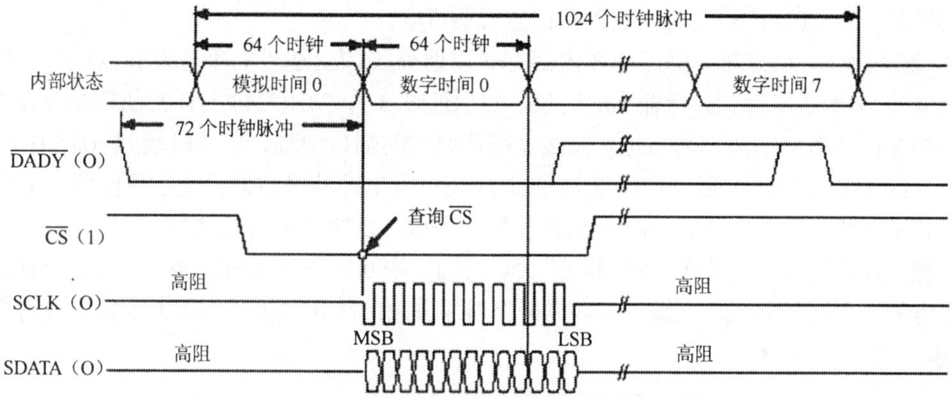

图 2.12　AD7703 的 SSC 方式时序图

这种方式下的特点：AD7703 每完成一个转换周期，给出一个状态信号（DRTY=0）；片选脚 CS 有效时，SCLK 被激活（输出）；SCLK 与 SDATA 同步输出，先送数据最高有效位（MSB），后送数据最低有效位（LSB）。在 LSB 送出后，DRDY 信号变为高电平，直到新的数据获得为止。

由图 2.12 可以看出：AD7703 每完成一个转换周期，给出一个状态信号（DRTY=0）；CPU 使 CS 有效（低电平）时，此时由 CPU 控制产生 SCLK 同步时钟；SDATA 的每一位在SCLK作用下同步输出；每一个SCLK上升沿可移出一个数据位，先送最高有效位(MSB)，后送最低有效位(LSB)；20 个 SCLK 同步时钟可完成一个完整数据的输出。在第 20 个 SCLK 时钟移出 SDATA 的最低一位后，DRDY 信号变为高电平，AD7703 进入下一个转换周期。

（b）接口举例。

AD7703 与 CPU 的硬件接口方式比较灵活，下面以内部时钟工作方式为例。

根据图 2.12 时序图，接口电路如图 2.13 所示。利用 AD7703 的 DRDY（数据准备好，下降沿有效）引脚作为中断请求线与单片机的中断引脚 INT0 连接，单片机每接到一个中断请求，进入中断服务程序并查询 P1.0 状态，当 P1.0=1 时，读取 P1.1 并保存，然后使 P1.0 变低，完成一个数据位的输入；循环 20 次既可完成一个完整数据的输入。

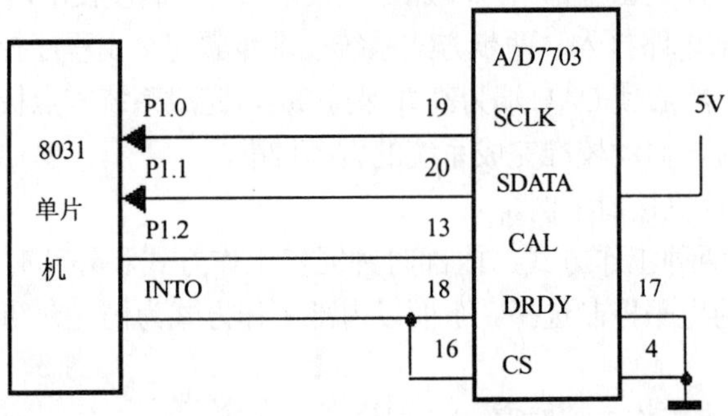

图 2.13　AD7703 工作在内部方式，通过串行直接与 CPU 接口

图 2.13 接口方式电路简单，但需要多条指令配合才能读取一个完成数据，显然占用 CPU 的时间较长，当 CPU 比较忙时，这种接口方式不可取。

图 2.14 所示 AD7703 仍工作在内部方式，但外部加上适当的串－并转换电路（例如 74HC164），实现了串行到并行输出的转换，然后通过 3 片 74HC244 与单片机的数据总线连接。图中 Y1、Y2、Y3 为单片机地址总线系统译码出的端口地址，单片机接到 AD7703 的中断请求（DRDY 上升沿）后，由图 2.12 的时序图可看出，此时数据已全部移位到 74HC164 寄存器，单片机读取 Y1、Y2、Y3 端口数据即可获取 AD7703 的转换数据。

显然，这种接口方式为单片机节约了大量时间，中断服务所需时间极短，是复杂系统中值得推荐的一种连接方式。地震前兆数据采集器即采用此种接口方式，大大节省了占用 CPU 的时间。

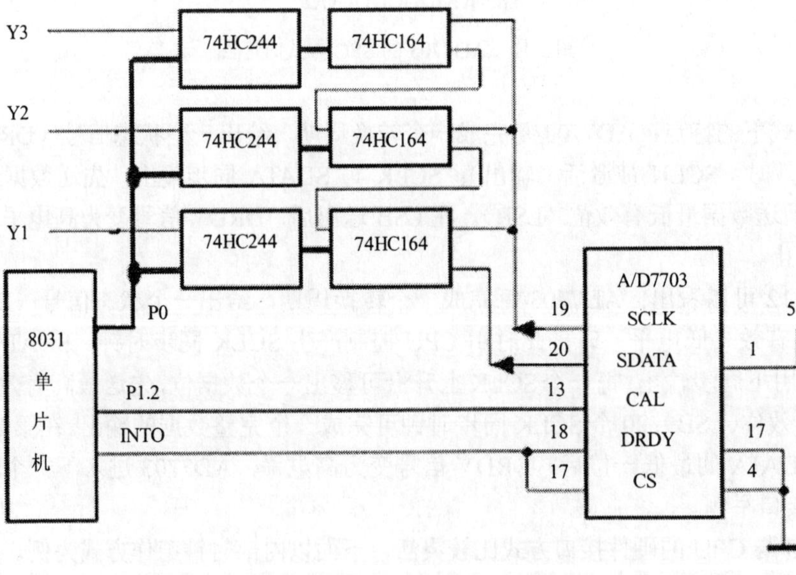

图 2.14　AD7703 工作在内部方式，通过串－并转换后与 CPU 并行接口

(5) 使用注意事项。

上面详细介绍了 AD7703 的使用方法，但在实践中还应注意以下事项：

（a）AD7703 仅适合慢速测量系统，虽然其数据输出率最大可达 4k/s，并不意味着其带宽这么高。实际上由于其内部的数字滤波器的阶跃响应差不多有 100ms 的延迟，所以其带宽最大只能到 10Hz，设计时注意不要混淆了带宽和数据输出率的关系。如果是多路切换应用，则注意每切换一次，至少须延时 100ms，保证输入信号稳定。

（b）模拟电源和数字电源在加载时，一定确保模拟电源先于数字电源，否则有可能造成 AD7703 转换器的输入信号堵塞，数据转换错误。一般连接方法如图 2.11 所示，在有些模拟电源和数字电源分开供电场合，特别要注意加电顺序。

（c）AD7703 工作于外部时钟同步方式时，外部时钟频率不可过高。一般来说，外同步时钟 SCLK 应低于 AD7703 主频的四分之一。例如主频 4MHz 时，SCLK 应小于 1MHz。

（d）AD7703 在常温下零点漂移非常小，但当环境温度超过一定范围（5～65℃），会产生一定的零点漂移。特别是在零度以下环境工作时产生的零点漂移比较明显，实际使用时应注意采取温度补偿措施。

2.2.4.3 LTC2440 芯片应用简介

LTC2440 是一种具有高分辨率、高速度的 24 位Δ－Σ型 ADC 芯片，它采用了能实现可变速度和分辨率（且无等待时间）的专业Δ－Σ架构，具有精确、稳定和易用的特点，是一种高性价比的器件。

(1) 主要性能特点简介。

与前面介绍的几种Δ－Σ芯片有所不同，除了Δ－Σ常规优点外还有如下特点。

（a）可选速度/分辨率。

LTC2440 通过一个简单的串行接口（SDI 引脚）可以设置 10 种不同的速度/分辨率组合，最高速率可达 3.5k。当输出速率为 880Hz 时，噪声仅 $2\mu V_{RMS}$；当输出速率为 6.9Hz 并采用同时 50Hz/60Hz 抑制时，噪声仅为 $200nV_{RMS}$。通过选择不同速度/分辨率组合，可以实现多种应用场合。即使在运行过程中改变速度/分辨率，也不会影响数据转换精度。为了使系统简化、电路接口简单，也可以将 SDI 引脚直接接地以实现 880Hz 输出率，或直接接电源 V_{CC} 实现 6.9Hz 输出率。

（b）模拟输入方式灵活，输入范围宽。

模拟输入可单端方式、差动方式，单端方式下为-0.3～V_{CC}，差动方式下为$\pm V_{REF}/2$。基准电压源可在 0.1V～V_{CC} 范围选择。

（c）低功耗。

LTC2440 动态工作时典型供电电流为 8mA，当供电电压为 5V 时，功耗为 40mW；休眠方式下，典型电源电流仅 8μA，功耗 40μW。由于 LTC2440 芯片在每完成一次转换能够自动切换到休眠方式，因而即使芯片在连续工作状态下，其平均功耗也是非常低的。

（d）内部自带振荡器，无须外部元器件就能构成基本工作方式。此外无时间延时。

由于 LTC2440 内部采样频率是固定的（1.8MHz），它的数字滤波器没有等待时间，能够响应速度选择或转换间的输入通道变化，不会建立新的误差。这说明 LTC2440 的数据输出率就反映了它的频带宽度，其转换率要高于同类型芯片。

(2) 引脚定义及内部功能框图。

LTC2440 采用 16 引脚 SSOP 封装，引脚排列如图 2.15 所示。

GND（引脚 1、8、9、16）：地端。采用多引脚接地便于消除电源的耦合噪声。

V_{CC}（引脚 2）：电源端，一般为 5V，应用中最好将一个 0.1μF 的陶瓷电容和一个 10μF 胆电容并联后靠近芯片接电源对地引脚。

REF^+（引脚 3）、REF^-（引脚 4）：差动式基准输入端，电压取值可以是 GND 至 V_{CC} 任何数值，但 REF^+ 须保持比 REF^- 高于 0.1V 以上。

IN^+（引脚 5）、IN^-（引脚 6）：差动式模拟输入端，每一引脚可以是 GND－0.3V 和 V_{CC}＋0.3V 之间的任何数值，差动值 V_{IN}＝（IN^+－IN^-）为±0.5V_{REF} 任意值。

SDI（引脚 7）：串行数据输入端。用于程序设置芯片的速度/分辨力参数。可以有 10 种选择，具体见下文。如果不需要在运行过程中改变速度/分辨率，可以直接将该引脚接地（880Hz/21 位有效分辨率）或接 V_{CC}（6.9Hz/24 位有效分辨力）。

EXT（引脚 10）：内部/外部时钟 SCK 选择。该引脚接地时，芯片处于外部时钟模式，此时数据在用户施加的串行时钟作用下移出器件；该引脚接高电平 V_{CC} 时，器件工作于内部时钟模式，此时器件生成自己的 SCK 信号并在 SCK 引脚上输出。

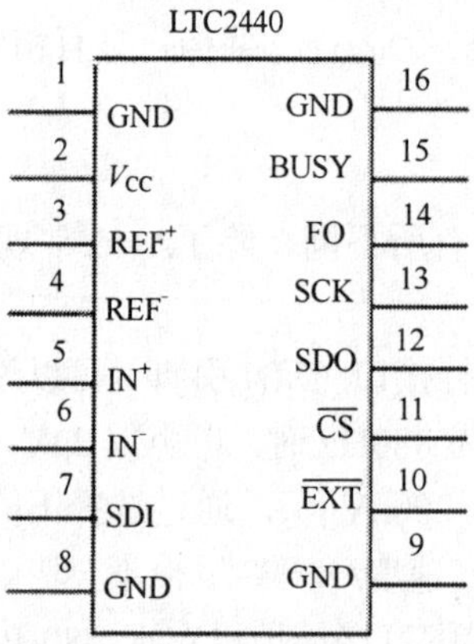

图 2.15　LTC2440 引脚图

$\overline{CS}$（引脚 11）：片选输入端，低有效。该信号用于使能 SDO 数字输出并唤醒 ADC。在每次转换结束之后，ADC 自动进入睡眠状态，且只要该引脚保持为高电平，它就将保持这种低功耗。在数据输出转移期间，$\overline{CS}$ 引脚上的低电平至高电平的转换将中断数据转移，并启动一次新的转换周期。

SDO（引脚 12）：三态数字输出。在数据输出期间，该引脚出现串行数据流。当片选信号无效（$\overline{CS}=V_{CC}$）时，SDO 引脚处于高阻状态。在转换和休眠期间，该引脚被用作转换状态输出，可以通过将 $\overline{CS}$ 拉至低电平来监视转换状态。

SCK（引脚 13）：双向数字时钟引脚。在内部时钟模式下，在数据输出期间该引脚被用作数据串行输出的同步时钟；在外部时钟模式下，SCK 在数据输出期间被用作外部时钟的数字输入。

FO（引脚 14）：频率控制引脚。它是控制内部转换时钟的数字输入。当 FO 连接至 GND

或 V_{CC} 时，转换器采用其振荡频率为 9MHz 的内部振荡器，此时的数据输出率由过采样率 OSR 决定；当采用一个频率为 f_{EOSC} 的振荡器对 FO 进行驱动时，转换时间 $t_{CONV}=40000\times OSR/f_{EOSC}$（单位为 ms）。

BUSY（引脚 15）：状态指示端，用于指示器件的当前工作状态。当该引脚为高时，表示器件正在转换；当该引脚为低时，表示转换已结束数据准备就束。在睡眠和数据输出状态下，该引脚保持低电平。当数据输出状态结束时，该引脚变高，表示一个新的转换周期开始。内部功能框图如图 2.16 所示。

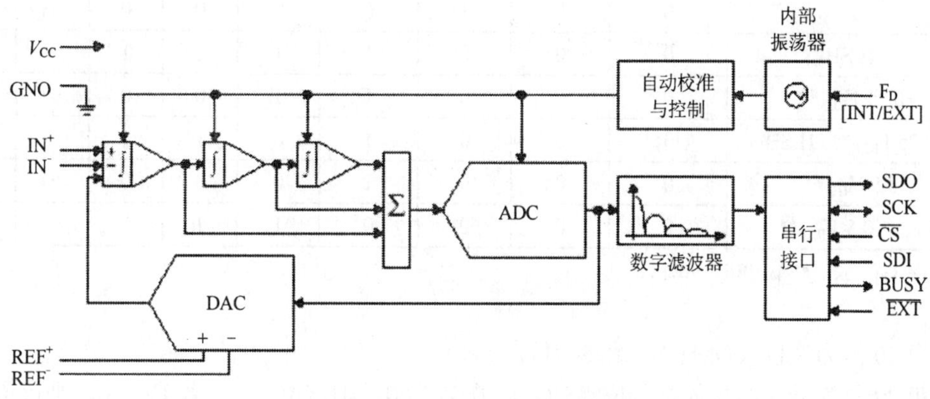

图 2.16　LTC2440 内部功能框图

(3) LTC2440 接口技术。

（a）数据输出格式。

如图 2.17 所示，LTC2440 的串行输出数据流为 32 位，前 3 位为状态信息位，表示符号和转换状态，后面的 24 位为转换结果（首位为 MSB），最低 5 位是 24 位分辨率水平以外的子 LSB 序列，一般情况下最后 5 位可以舍弃，当需要更高转换结果时，可将该 5 位参与计算平均值。详细信息见表 2.3。

第 31 位为转换结束指示符（$\overline{EOC}$），只要 $\overline{CS}$ 为低电平，则在转换和休眠状态下可在 SDO 引脚上获得该位。在转换期间，该位为高电平，而转换结束时，该位变低。

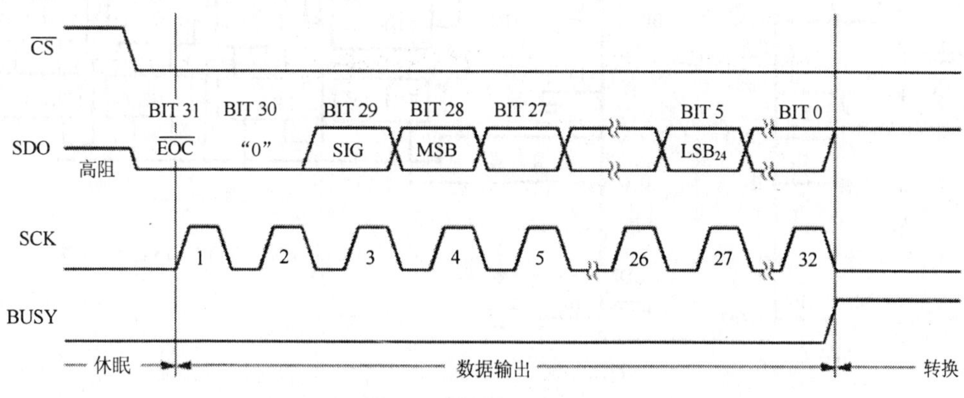

图 2.17　LTC2440 数据输出定时图

表 2.3 LTC2440 的数据输出格式

差动输入电压 V_{IN}*	31位 $\overline{EOC}$	30位 DMY	29位 SIG	28位 MSB	27 位	26 位	25 位	…	0位
V_{IN}*≥0.5 V_{REF}**	0	0	1	1	0	0	0	…	0
0.5 V_{REF}**-1LSB	0	0	1	0	1	1	1	…	1
0.25 V_{REF}**	0	0	1	0	1	0	0	…	0
0.25 V_{REF}**-1LSB	0	0	1	0	0	1	1	…	1
0	0	0	1	0	0	0	0	…	0
-1LSB	0	0	0	1	1	1	1	…	1
-0.25 V_{REF}**	0	0	0	1	1	0	0	…	0
-0.25 V_{REF}**-1LSB	0	0	0	1	0	1	1	…	1
-0.5 V_{REF}**	0	0	0	1	0	0	0	…	0
V_{IN}*≤0.5 V_{REF}**	0	0	0	0	1	1	1	…	1

*$V_{IN}=V_{IN}^{+}-V_{IN}^{-}$，**$V_{REF}=REF^{+}-REF^{-}$。

第 30 位为空位（DMY），始终为低。

第 29 位为转换结果的符号位（SIG），若 $V_{IN}\geqslant 0$，则该位为 1；若 $V_{IN}\leqslant 0$，则该位为 0。

第 28 位为转换结果的最高有效位（MSB），同时该位还与第 29 位一起提供欠量程或过量程指示。若该两位均为 1，则差动输入过量程（大于＋FS）；若该两位均为 0，则差动输入欠量程（小于－FS）（注：FS 表示满量程）。

（b）LTC2440 接口应用。

当 LTC2440 的 10 脚接地时，器件处于外部 SCK 时钟工作模式，10 脚接高电平时间，器件处于内部工作方式，即 SCK 时钟由芯片内部输出。图 2.18 给出内部工作方式应用电路。此处应以 BUSY 的上升沿激活单片机的 INTO 中断，32 位数据流通过 4 片 74HC164 实现串－并转换，中断服务程序直接通过并口读取 Y0、Y1、Y2、Y3 四个端口的数据就可获得 LTC2440 的转换结果。

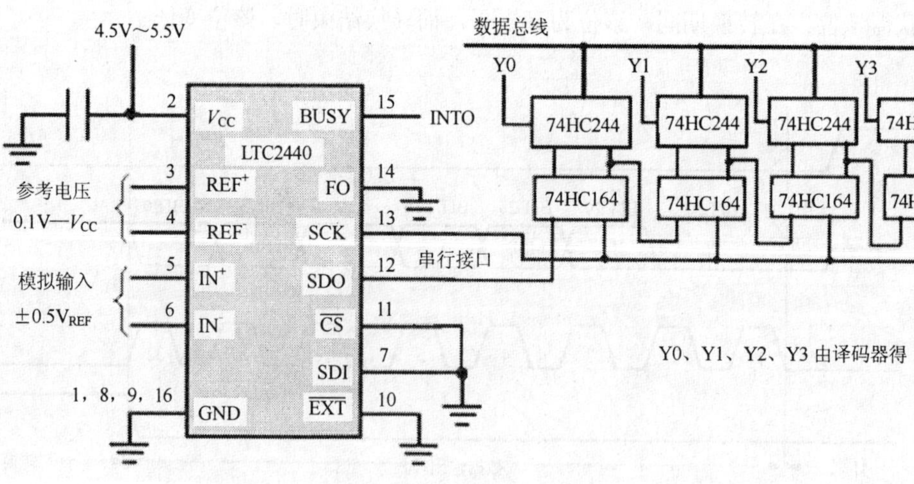

图 2.18 内部 SCK 模式、连续输出方式下的并行接口电路

2.2.5 数据采集器的存储单元

2.2.5.1 数据存储器的接口类型及其选择

数据存储器与 CPU 的接口方式一般分为并行接口、串行接口及双并口，实际中采取何种接口方式，主要是从系统对存储器读写时间要求上考虑。

在并行接口电路中，CPU 按字节或字对存储器进行读写，具有操作速度比较快、接口时序简单等优点，是大多数存储器电路采用的接口方式。缺点是接口连接线比较多。

在串行接口方式中，数据存储器的数据流是按位进出的，具有硬件连接简单、引脚较少、体积较小等优点。缺点是接口时序比较复杂、操作速度比较慢、软件编程较麻烦等。

在有些特殊的应用场合，数据交换速度要求极高，例如图像采集传输系统中，除了要求数据的高速采集，还要进行适当数据处理（如压缩），以便于数据传输，此时可采取双口 RAM，一个口写入数据，另一个口读出数据，则数据交换的速度会大大提高。

2.2.5.2 数据采集器的存储容量估计

数据采集系统的数据存储容量设计以满足应用要求为准则，太大了造成浪费也不利于低功耗设计原则；太小了不够用。一般应考虑以下因素：

(1) 数据采样间隔；

(2) 最多输入通道数；

(3) 数据有效位数；

(4) 数据保存时间长度；

此外还要考虑数据缓冲区的大小，便于数据处理、数据通信等。

例如以地震前兆数据采集器为例，要求每隔 1 分钟采集 1 个数据，每个数据 3 字节，共 12 个输入通道，则每天的数据量为 12×3×1440≈52kB，保存两天需 108kB。若要求保存半个月，则差不多需 1MB 存储空间。

2.2.5.3 存储电路的掉电保护

为了保证系统掉电时数据不至丢失，一般有如下几种措施：

(1) 为存储器芯片加后备电池保护电路。

当系统采用普通 SRAM 存储芯片时，为防止停电后数据丢失，必须加后备电池进行保护。这种保护措施具有简单易行、存储速度快、成本低等优点。但数据保护的可靠性不够规范，与电池本身的可靠性及充电电路参数选择关系极大。

(2) 选取非易失性存储器芯片作为系统存储器。

非易失性存储器芯片如 FLASH 存储器、FRAM 铁电存储器等，由于本身的非易失性工作原理，具有极高的可靠性，可保存数据 10 年以上。但也都不同程度存在缺点，例如 FLASH 存储器读写速度不够快，FRAM 铁电存储器价格相对较高等。

(3) 将后备电池与存储器芯片统一封装。

采用后备电池与存储器芯片统一封装的存储器模块目前使用比较普遍，由于采用统一设计的后备电池保护电路，具有成本低、数据保护的可靠性高、读写速度快等一系列优点，是数据存储器的首选芯片。

2.2.5.4 数据存储器的主要技术指标

选取数据存储器芯片时一般要考虑以下技术指标要求：

(1) 读写速度。

存储器的读写速度应和控制系统相匹配，特别是在高速访问的系统更应注意这个问题。各种存储器的读周期一般都比较快（纳秒数量级），但写周期差别比较大，例如 FLASH 存储器芯片的写周期在微秒量级，写速度比较慢，且又不能按字节操作，尽管在价格和许多性能上很诱人，选用时还是要多加小心。

(2) 存储容量。

系统总存储容量确定以后，选择具体芯片时要考虑以尽可能少的芯片来实现，尽量不要用多芯片来拼凑。

(3) 使用寿命。

由于数据存储器的被访问次数一般比较频繁，而像 E^2PROM、FLASH 存储器一类其寿命都有限，设计时不能太随意。建议用于数据缓冲区这一类的存储区要使用 SRAM。

(4) 功耗。

在低功耗系统，存储器的功耗问题也是一个要考虑的问题。一般，芯片的供电电压越低、读写速度越慢的，其功耗也越低。

实际上某些指标在同一芯片是矛盾的，选择时要综合考虑。

2.2.5.5　典型存储器芯片应用举例

(1) 用两片 62C256 实现 64kB 存储空间的扩展连接。

用两片 62C256 芯片拼成 64kB 存储空间时，需要提醒注意的是，最高位地址线 A15 的原码和反码各自用于控制选通一片 62C256。若系统还须外扩 I/O，则 A15 线还必须进行编码控制，以区别存储器操作和 I/O 口操作。具体电路如图 2.19 所示。

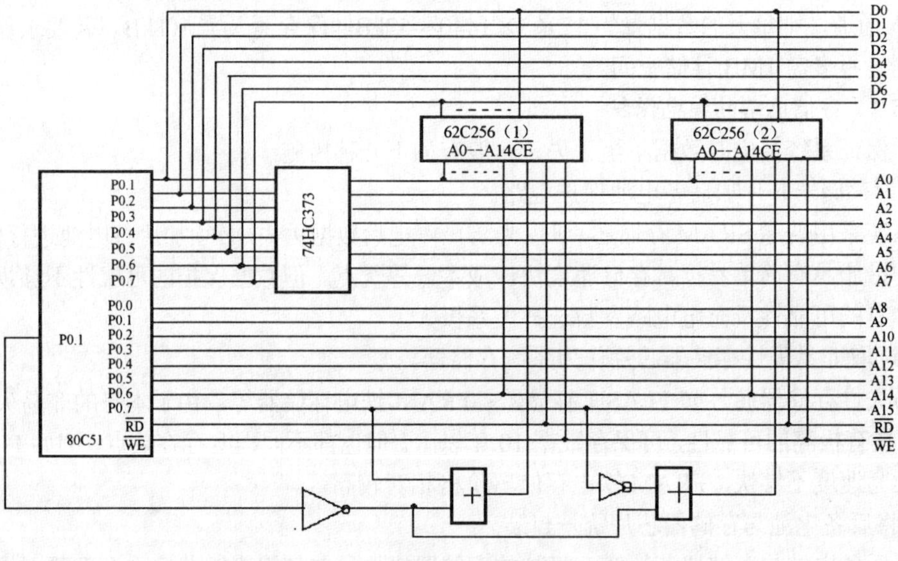

图 2.19　用两片 62C256 实现 64kB 存储空间

(2) 超过 64KB 存储空间的扩展电路。

超过单片机地址总线宽度的存储空间的扩展比较常用的办法是用 I/O 口线拓宽地址总线

的宽度，用作高位地址线，此时的软件操作相当于对存储空间按 64kB 为单位进行分页。图 2.20 是比较经济的内置后备电池保护的 SRAM 芯片 628128 的连接电路。

图中 SRAM 628128 具有 128K 字节的存储器，其最高位地址线 A16 使用了单片机的 P1.0 口线，当 P1.0 ＝0 是选中前 64kB，当 P1.0＝1 时选中后 64kB。若需要进一步拓宽地址线位数，可以采用 2 条以上 I/O 口线实现更大存储空间的操作。

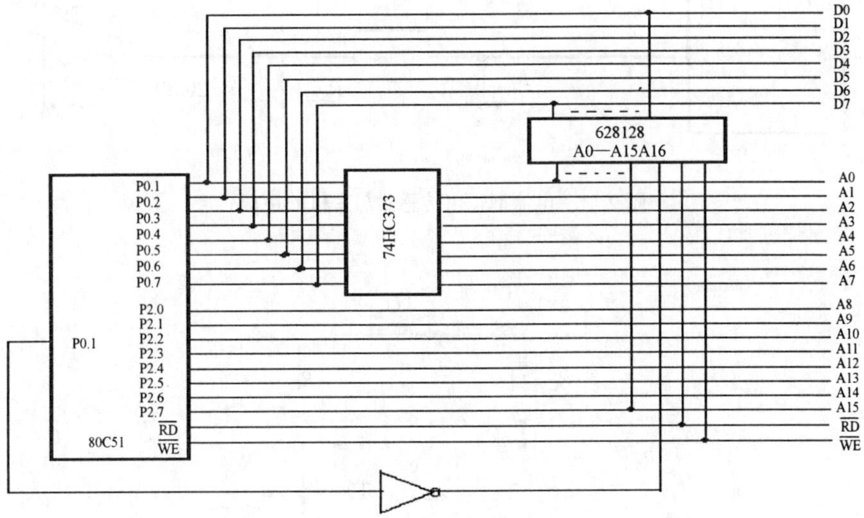

图 2.20　628128 芯片接口电路

2.3　数据采集器的前后接口界面

2.3.1　仪器主机或数据采集器的前向接口

前向接口是指主机或数据采集器与传感器的接口环节，实现二次仪表和一次仪表的物理接口。根据传感器信号的不同类型一般可以有以下几种接口方式。

2.3.1.1　模拟电压输入

(1) 直接接入。

当传感器输出电压为单端模拟电压，且与数据采集器的输入接口匹配时，可以直接接入，无须作任何变换。

(2) 电流型传感器接入方法。

当传感器的输出信号为电流型时，必须首先通过标准精密电阻将电流信号转换为电压信号。接入电路如图 2.21 所示。

标准电阻 R_{REF} 采用精密线绕电阻比较理想，阻值大小视电压范围确定，例如若主机最大输入电压幅度为 2V 时，最大信号电流为 20mA，则标准电阻取 100Ω 比较合适。

(3) 差动式信号的接入方法。

当传感器的输出信号为差动式电压时，必须首先通过转换电路将差动式变为单端式输出。

如图 2.22 所示电路可以实现不同类型信号之间的互换。

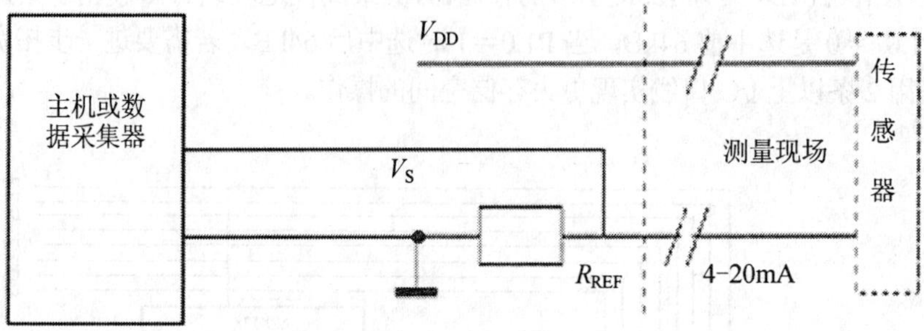

图 2.21　电流型输出传感器与主机的接口

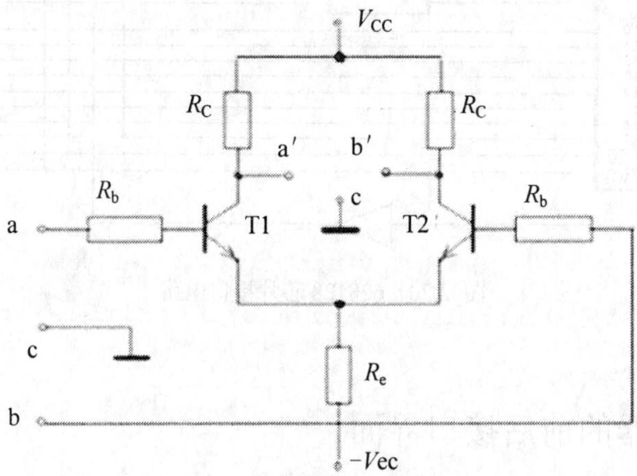

图 2.22　差动信号转换为单极性信号

(4) 连接注意事项。

传感器的模拟输出信号接入主机时一般要注意以下几点：

（a）传感器输出电阻应尽可能小，输出电阻越小则负载能力越强；

（b）仪器主机或数据采集器的输入电阻尽可能大，输入电阻越大则对信号源的索取电流越小；

（c）信号线应选取屏蔽电缆，且尽可能短，避免外部电磁干扰通过输入电缆引入；

（d）信号电缆一般不得超过 100m，注意将电缆的屏蔽线一端接地；

（e）主机输入电路应接避雷装置。

2.3.1.2　RS-232 接口

对于智能化传感器来说，内部已形成了数字化的数据，一般多采用通用接口送给主机，例如 RS-232 方式、I^2C 方式等。关于 RS-232 方式的接口要点将在下文介绍。

2.3.2 仪器主机或数据采集器的后向接口

后向接口是指主机或数据采集器与计算机或通信信道、打印机等设备的接口，常见接口方式有 RS-232 和 RJ45，适合于多机组网和远程通信；而打印机接口适合现场输出。不同接口方式各有特点，下面分别介绍。

2.3.2.1 RS-232 方式

(1) RS-232 简介。

RS-232 接口是一种串行通信接口方式，它是在 1970 年由美国电子工业协会（EIA）联合贝尔系统、调制解调器厂家及计算机终端生产厂家共同制定的用于串行通讯的标准。它的全名是"数据终端设备（DTE）和数据通讯设备（DCE）之间串行二进制数据交换接口技术标准"。

所谓"串行通信"是指外设和计算机间使用一根数据信号线（另外需要地线，可能还需要控制线），数据在一根数据信号线上一位一位地进行传输。一个字符的 8 个二进制代码，由高位到低位顺序排列，再接下一个字符的 8 位二进制码，这样串接起来形成串行数据流，每一位数据都占据一个固定的时间长度。

串行端口的本质功能是作为 CPU 和串行设备间的编码转换器。当数据从 CPU 经过串行端口发送出去时，字节数据转换为串行的位。在接收数据时，串行的位被转换为字节数据。

这种通信方式使用的数据线少，易于实现，在远距离通信中可以节约通信成本，是目前主要采用的一种传输方式。当然，其传输速度比并行传输慢。而且，串行传输存在一个收、发双方如何保持码组或字符同步的问题，这个问题不解决，接收方就不能从接收到的数据流中正确地区分出一个个字符来，因而传输将失去意义。如何解决码组或字符的同步问题，目前有两种不同的解决办法，即异步传输方式和同步传输方式。

该标准规定采用一个 25 脚的 DB25 连接器（后简化为 9 脚），对连接器的每个引脚的信号内容加以规定，还对各种信号的电平加以规定。

(2) 引脚定义。

数据采集器一般采用 DTE 方式定义，表 2.4 给出了 DTE 定义下的 9 针和 25 针各引脚说明及对应关系。

表 2.4 DTE 定义下的 9 针和 25 针各引脚说明及对应关系

9 钟串口（DB9）			25 针串口（DB25）		
针号	功能说明	缩写	针号	功能说明	缩写
1	数据载波检测	DCD	8	数据载波检测	DCD
2	接收数据	RXD	3	接收数据	RXD
3	发送数据	TXD	2	发送数据	TXD
4	数据终端准备	DTR	20	数据终端准备	DTR
5	信号地	GND	7	信号地	GND
6	数据设备准备好	DSR	6	数据准备好	DSR
7	请求发送	RTS	4	请求发送	RTS
8	清除发送	CTS	5	清除发送	CTS
9	振铃指示	DELL	22	振铃指示	DELL

(3) RS-232 接口设计要点。

（a）引脚定义须满足标准。

（b）信号电平必须规范。RS-232 口中任何一条信号线的电压均为负逻辑关系。即：逻辑“1”，-3～-15V；逻辑“0”， +3～+15V 。噪声容限为 2V。即要求接收器能识别低至+3V 的信号作为逻辑“0”，高到-3V 的信号作为逻辑“1”。

（c）通信双方要有严格统一的约定，包括通信方式（同步或异步）、字节定义、校验方式、波特率等。

（d）通信协议。通信协议即命令的集合，通常一个命令包含着一个字符串，对每个命令的各个字符都必须严格定义其功能，不得重复。

地震前兆观测台网和测震台网分别遵守各自不同的通信协议，详细通信规程可参阅专门文件。

(4) 简化的 RS-232 串口通信。

实际使用中，数据采集器与 PC 机连接的 RS-232 接口，因为不使用对方的传送控制信号，只需三条接口线，即“发送数据”、“接收数据”和“信号地”，因此 RS-232 的引线中有许多可以不用的。

DTE 定义方式下的 9 针的简化定义为：

2——接收端；

3——发送端；

5——信号地；

其余引脚均不用。

图 2.23 给出了简化的 RS-232 串行通信接口应用电路。

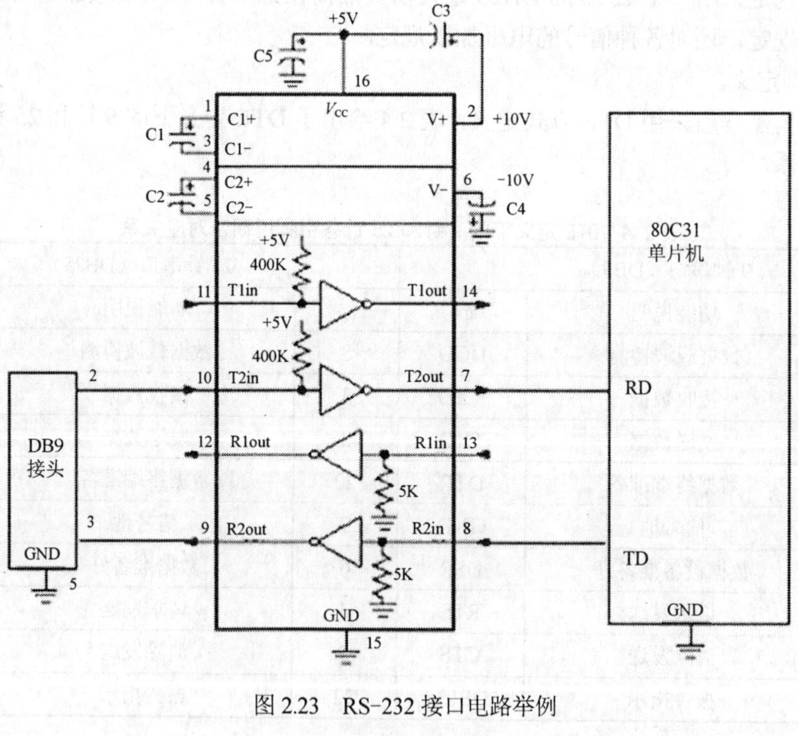

图 2.23　RS-232 接口电路举例

图中电平转换电路采用 MAX232 芯片，它同时具有二路接口电平转换，本例只使用了其中一路。

2.3.2.2 RJ-45 方式

(1) RJ-45 简介。

RJ-45 接口是采用 10BASE-T 双绞线网络接口类型，在标准 TCP/IP 协议支持下实现网络化通信。

RJ-45 接口信号定义以及网线连接头信号安排如表 2.5 所示：

表 2.5 RJ-45 接口信号网络头引脚

说明 针脚	信号	功能
1	TxData+	发送数据
2	TxData-	发送数据
3	RxData+	接收数据
4	没设计	电话接头
5	没设计	电话接头
6	RxData-	接收数据
7	没设计	网络测试
8	没设计	网络测试

注：RJ-45 接口采用差分传输方式，tx+、tx-是一对双绞线，拧在一起可以减少干扰。

(2) TCP/IP 协议简介。

TCP/IP 是一个非常庞大的协议族，有 100 多个网络传输协议。其中，最重要的两个协议是 TCP（Transmission Control Protocol）协议和 I P（Internet Protocol）协议。IP 协议负责按地址在计算机之间传输信息，而 TCP 协议则保证所传送信息的正确性。它们和其他 100 多个协议一起使 Internet 上千万台计算机组成一个巨大的因特网协同工作，并提供各种各样的服务。

TCP/IP 协议一般分为四层结构，如图 2.24（a）所示。图中的网络相当于物理传输的媒介。数据在实际传输时，每通过一层要在数据上加上一个报头，其中的数据供接收端的同一层协议使用。到达接收端时，每经过一层要把用过的一个报头去掉。这种方式可以保证接收的数据和传输的数据完全一致，以及发送端和接收端相同层上的数据都有相同的格式。

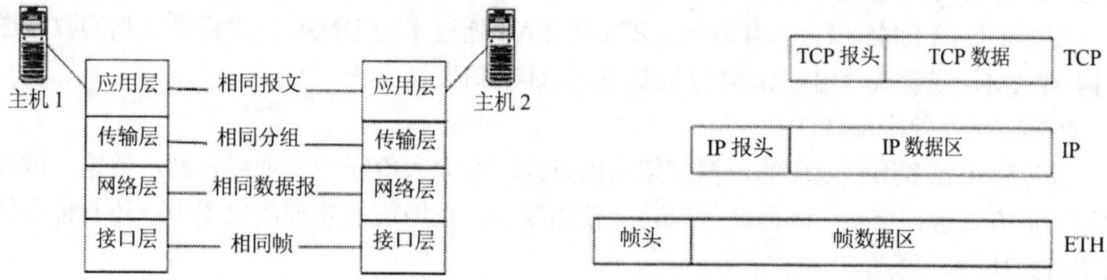

（a）TCP/IP 协议的四层结构　　（b）TCP/IP 协议的分层封装

图 2.24 TCP/IP 协议的结构及层次

TCP/IP 协议所采用的通信方式是分组交换方式。数据在传输时分成若干段，每个数据段称为一个分组。TCP/IP 协议的基本传输单位是数据报，可以把数据看成是一封长信，分装在几个信封中邮寄出去。

数据发送时，在源主机端，首先从应用层开始，分别到传输层（TCP 层），再到网络层（IP 层），最后到数据链路层（接口层），每层都要对数据进行打包封装，如图 2.24（b）所示。在目的主机端在相应的协议层对其进行解封，顺序依次为：网络链路层、IP 层、TCP（UDP）层，最后是应用层。封装的顺序和解封的顺序正好相反。封装的目的是保证数据能够正确地送达，解封的目的是为了还原数据。

(3) 网络适配器。

网络适配器是实现网络通信的接口部件，在 CPU 的控制下完成数据发送和数据接收。下面以 C8051F020 单片机应用系统为例，介绍 RTL8019AS 芯片与单片机的接口技术。

RTL8019AS 在嵌入式系统和通用计算机网卡设计中都有广泛应用，由于其性能价格比具有较大优势，在市场上 10Mbps 网卡中占有相当的比例。

RTL8019AS 芯片外部引脚为 120 条，大体上分为 3 类，即 ISA 接口总线、RJ45 接口总线、电源地线等。其主要性能如下：

（a）符合 Ethernet Ⅱ 与 IEEE802.3 标准；

（b）全双工，收发可同时达到 10Mbps 的速率；

（c）内置 16kB 的 SRAM，用于收发缓冲，降低 CPU 的速度要求；

（d）支持 UTP、AUI、BNC 自动检测；

（e）允许 4 个诊断 LED 引脚可编程输出。

RTL8019AS 内部包括 16kB 的 SRAM 和各种接口功能等，内部 16kB 的 SRAM 具有双端口操作功能，实现与内部控制逻辑的 DMA（或本地 DMA）方式连接和外部 CPU 的 DMA（远程 DMA）方式连接。

远程 DMA 完成主处理器和网卡内部缓冲区数据交换，本地 DMA 完成缓冲区数据发送。CPU 发送数据时，先将一帧数据通过远程 DMA 通道送到 RTL8019AS 的发送缓冲区，然后发出传送命令。

当 RTL8019AS 收到一帧正确数据后，将其存放在接收缓冲区并置位相关寄存器或产生中断。驱动程序或用户自己所编的程序可以从接收缓冲区中取出数据，并送到相应的模块进行处理。这样可以完成数据的发送和接收。

应用接口电路如图 2.25 所示。单片机采用 C8051F020 芯片，以查询工作方式不断读取 RTL8019AS 状态寄存器。以远程 DMA 方式发送或读取 RTL8019AS 得数据。

图中扩展的 RJ45 口接入互联网，RTL8019AS 通过本地 DMA 方式将接收到的数据送到片内 SRAM，或者从片内 SRAM 读取数据从 RJ45 口发送出去。

2.3.2.3 并行输出接口

并行输出较多用于现场的数据打印输出方式，在无人值守地震观测台网，数据一般通过远程通信方式进行交换，因而此接口功能使用较少。在地震前兆观测仪器中，还有部分仪器保留有此功能。

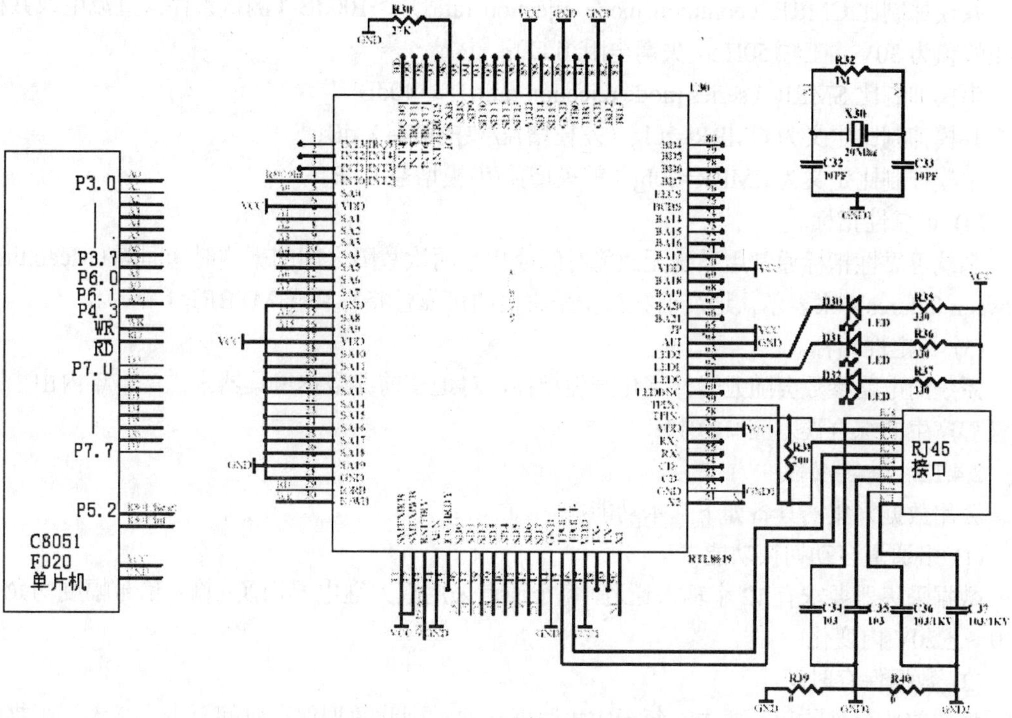

图 2.25　网络接口芯片 RTL8019AS 应用电路

2.4　地震前兆公用数据采集器简介

DSC 系列地震前兆公用数据采集器包括 DSC-1、DSC-2、DSC-2A、DSC-2B 多种型号，其中以 DSC-2、DSC-2A 两种型号在地震前兆台站应用最为广泛。下面主要针对这两种型号进行介绍。

2.4.1　DSC 系列数据采集器的主要指标与功能

2.4.1.1　主要技术指标

(1) 测量误差（准确度）。

根据不同量程、不同温度范围分别给出最大允许相对误差：

对基本量程档（0～±2V 档），在 20℃±10℃温度范围内，测量误差不超过±（0.01%±1 字）；

对其他量程（0～200mV、0～20V），在-5～10℃、30～50℃温度范围内，将产生相应的附加测量误差。附加的测量误差<0.00025%满度/℃。

(2) 输入阻抗。

基本量程：*R*in≥100MΩ，其他量程 *R*in≥10MΩ。

(3) 抗干扰能力。

数据采集器的抗干扰能力主要是指对直流或工频干扰的抑制能力，分别以共模抑制比和串模抑制比衡量：

共模抑制比 CMRR（common mode rejection ratio）＞100dB（测试条件：直流电或共模电压峰值为 30V，工频 50Hz，失衡电阻 1kΩ）；

串模抑制比 SMRR（series mode rejection ratio）＞40dB。

共模抑制比定义为 CMRR=20lg（差模增益/共模增益）dB；

串模抑制比定义为 SMRR=20lg（差模增益/串模增益）dB。

(4) 可靠性指标。

系统可靠性指标通常用系统无故障时间或相临两次故障之间的平均时间间隔（Mean time between failures）来表示，地震前兆数据采集器的可靠性指标要求 MTBF≥1 年。

(5) 稳定性指标。

系统的电路参数会随元器件老化产生漂移，对地震前兆数据采集器来说，1 年内由于系统漂移产生的综合误差应≤0.01%。

2.4.1.2　主要功能

公用数据采集器具备如下基本功能：

(1) 多通道自动切换功能。

数据采集器要求有 12 个输入通道，每个通道采用双刀继电器切换；输入信号幅度均允许在 0～±20V 内变化。

(2) 数据保存时间。

根据前兆台站的运行要求，每天收集数据一次，因此数据保存时间至少为 2 天。根据采样率和通道数计算，具有 128kB 存储空间时，可存储 12 通道、两天、1 次/分采样率的全部数据。

(3) 采样率可程控。

为支持不同传感器的采样率要求，地震前兆数据采集器的采样率设计为 1 次/1min、1 次/30min、1 次/60min 可程控。

(4) 自动校准功能。

为保证地震前兆数据测量的准确性，应设计自动校准功能。这就要求系统具有对 ADC 的多种控制功能，例如能对输入零点、输入满度值进行控制，能随时启动校准。

(5) 能提供相应的输出控制信号。

可提供八路带光电隔离的输出控制信号，这些可控输出信号用于前兆仪器或前兆传感器的自动标定器的控制。

(6) 数据通讯功能。

地震前兆公用数据采集器采用 RS-232 接口方式通信，DTE 定义，bit 率为 2400bit/s。数据产出为电压量，经过专用处理软件转换为物理量。

2.4.2 公用数据采集器与前兆传感器的接口

公用前兆数据采集器与前兆传感器有两种接口方式，即慢变电压量输入和频率量输入（DSC-2 型），以下分别介绍。

2.4.2.1　慢变模拟电压量输入

多路模拟输入电压通过低通滤波后经由双刀继电器切换接入高性能运放 7650 及高性能模数转换器 AD7703。输入电路框图如图 2.26 所示。

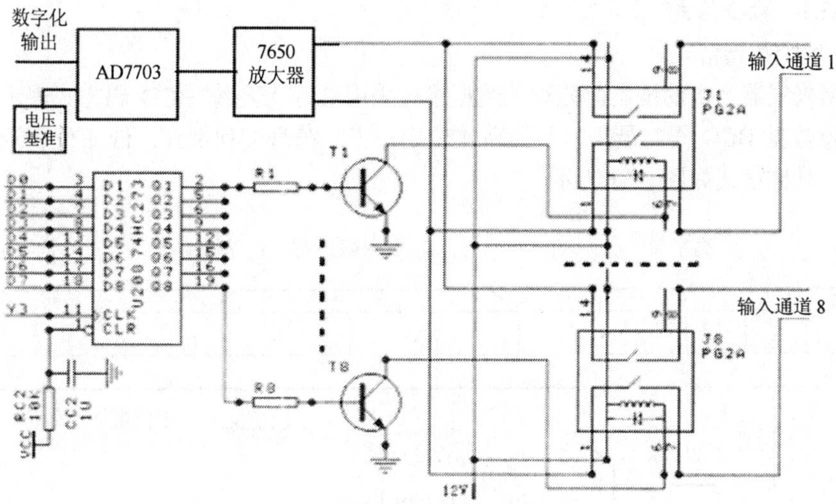

图 2.26 地震前兆公用数据采集器输入电路

图中通道继电器的驱动电路由晶体管和 74HC273 芯片构成。

2.4.2.2 连续频率输入

对某些传感器，其输出是连续的脉冲波形，波形的频率表征了被测信息，例如采用石英晶体为敏感元件的温度传感器等。对这类信号的测量显然不同于模拟电压的测量，而是利用频率计的测量原理进行测量。接口要求事项如下：

(1) 传感器输出波形比较标准（一般为具有一定占空比的矩形波或方波）；

(2) 传感器输出端具有足够的驱动能力，特别是电流型接口时驱动电流应足够大；

(3) 数据采集器的测量精度取决于闸门精度，因此内部的时钟基准必须足够高；

(4) 采样率不可能做得高，一般在秒量级以下。

图 2.27 给出具有隔离功能的接口电路例。图中隔离器件采用高速光电耦合器 6N137，传感器输入驱动电流一般应大于 15mA，太小了接口不可靠。但也不能太大，电流过大可能损坏光电隔离管。为此应在输入端串接一个 200Ω 的限流电阻，将驱动电流限制在 20mA 以下（对 TTL 电平）。

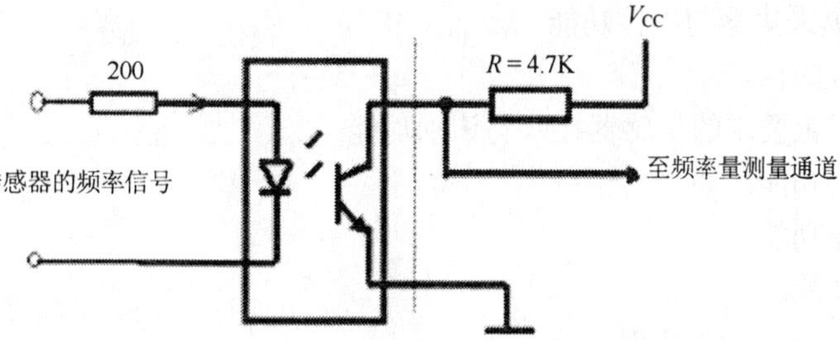

图 2.27 具有隔离功能的频率量输入接口电路

2.4.3 前兆公用数据采集器的程控功能配置及数据格式

2.4.3.1 数据格式

(1) 单个数据格式。

数据采集器产出的地震前兆观测数据格式采用 3 字节压缩 BCD 码方式表示，每个字节表示 2 位数据 BCD 码，最高字节的高 4 位用作表示符号位和量程，低 4 位表示数据的最高有效位。具体格式如图 2.28 所示。

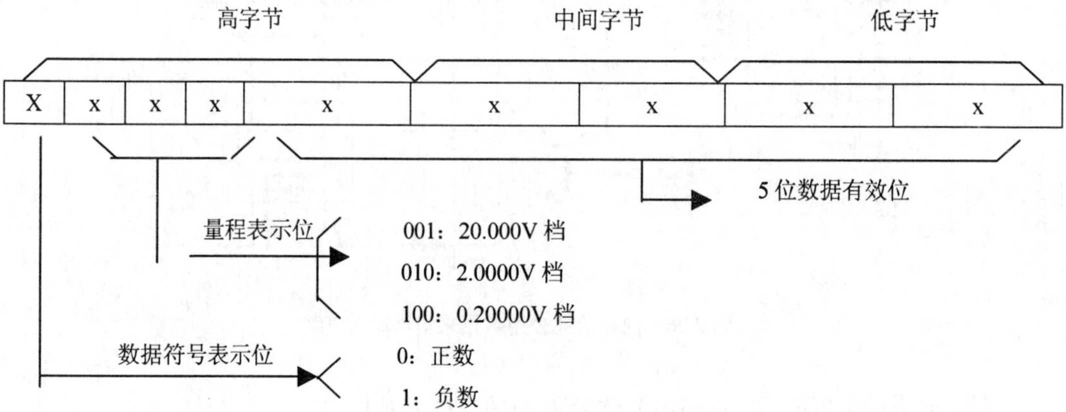

图 2.28　数据格式表示法

数据的量纲单位用 V（伏），采用 2V 档时，满量程值为 2.0000V，尾数一个数表示 100μV；采用 200mV 档时，尾数一个数表示 10μV。

(2) 数据块存储格式。

为了数据存储和通信的方便，数据管理遵循以下原则：

① 每通道每天按分钟值采集的所有数据（共 1440×3＋6 个字节）作为 1 个数据页；

② 所有通道的 1 天的 30 分钟值和 60 分钟值各作为 1 个页管理；

③ 分钟值的每个页数据块前 3 个子节为台站代码，第二个 3 字节为手段代码；

④ 30 分钟和 60 分值的数据页则在每个通道数据前插入相应的 3 字节手段代码；

⑤ 每天 23：59 分采集完当天最后一个数据后，将当天的全部数据复制到昨天数据位置。

2.4.3.2 程控功能配置

(1) 公用数据采集器的程控功能。

可程控的功能有：

*符合接口规范要求的传感器接入与识别功能；

*采样率变换功能；

*量程自适应功能；

*闸门选择功能。

(2) 分量表及程控功能实现。

要实现上述程控功能，在做系统设计前必须做一些约定：

*为每一种传感器赋于一个完全独立的代码（6 位码，如 D99921 代表水位传感器）；

*为每一种采样率赋给一个完全独立的代码(01－1 次/min、30－1 次/30min、60－1 次/H)；

*传感器信号的格值由计算机集中处理；

*具有程控放大器控制输入到 ADC 的信号幅度。

由系统监控软件为每个输入通道设计了表格用于存放各个通道的特征参数，这些特征参数的集合称为分量表。

DSC-2 型数据采集器的分量表格式如表 2.6 所示。

表 2.6　DSC-2 型数据采集器的分量表

通道号	手段代码	采样率	采样顺序号
01	D99921	01	01
02	D99941	01	02
03	Dxxxxx	00	00
04	Dxxxxx	00	00
05	D99983	60	01
06	D99984	60	02
07	Dxxxxx	00	00
08	Dxxxxx	00	00
09	Dxxxxx	00	00
10	Dxxxxx	00	00
11	Dxxxxx	00	00
12	Dxxxxx	00	00
闸门时间	延时常数	接口类型	
02	00	01	
02	00	01	
02	00	01	
02	00	01	

DSC-2 型数据采集器共有 8 个模拟量测量通道和 4 个频率量测量通道。表中第 1 栏为通道号，第 2 栏为该通道实际接入测项的手段代码，第 3 栏为各通道的采样率，第 4 栏为为采样顺序。最后 4 行为频率量测量的附加信息：

闸门时间有 3 种方式可选，即 01——表示选择 0.1 秒闸门时间，02——表示选择 1 秒闸门时间，03——表示选择 10 秒闸门时间；

延时常数有 5 种方式可选，即 00——不延时，01——延时 1 秒，02——延时 2 秒，03——延时 3 秒，04——延时 4 秒；

接口类型暂有 3 种方式可选，即 01——连续频率量，02——可控频率量，03——脉冲计数方式。

分量表的各项内容可以通过通信口进行修改，手段代码一栏填写该通道所接入的传感器的手段代码，采样率一栏写入所设定采样率的相应代码。例如第1通道接入水位传感器，则手段代码为D99921，采样率设定为1次/min。如果该通道未接入任何信号，则在采样率一栏填写“00”。

2.4.4 前兆公用数据采集器与前兆专用数据采集器特点比较

2.4.4.1 专用数据采集器的特点

专用数据采集器是针对特定的传感器进行数据采集、处理的系统，一般称为主机，具有如下特点：

(1) 与传感器结合紧密，测试、维修时往往要连接成系统才便于处理；

(2) 主机功能设计只针对特定传感器，可以使系统硬件最简化、软件设计较方便，因而可以使系统可靠性最高、功耗最低；

(3) 输出的数据一般在内部直接转换为被测物理量；

(4) 具有一定的控制功能。

2.4.4.2 公用数据采集器的特点

所谓公用数据采集器是指在一定范围内可以同时接入多路相同类型信号并进行电压测量的数据采集器。公用数据采集器在设计上具有如下特点：

(1) 传感器的输出信号必须规范化，例如最大幅度规范为±2V，最高采样率1次/min；

(2) 输入通道数目足够多，以便充分利用数据采集器的资源；

(3) 输出的数据一般仍为电压量，不便直接转换为物理量输出；

(4) 为了识别接入的传感器类型，每个通道都能够支持不同类型传感器，支持采样率程控功能，公用数据采集器必须为每个通道设计一个表格来记录通道特征参数；

(5) 为了避免由于多个传感器接入同一台数据采集器而引起的共地问题，输入端一般都采用双刀继电器进行通道切换，保证在同一时间段最多只有一台传感器与采集器相连接。

(6) 测量系统的整体性价比高，集成方便。

2.5 测震数据采集器简介

2.5.1 测震数据采集器的特殊性

测震数据采集器同样具备一般数据采集器的结构特点，但由于应用对象的特殊性，因而具有自身特殊性。主要表现在以下几个方面。

(1) 动态范围宽。

动态范围是指输入信号幅度变换的范围。为了实现对弱地震信号和强地震信号都能够有效采集，要求地震数据采集器的动态范围尽可能宽，一般在90dB～120dB之间。满足宽动态范围的最有效措施就是采用高分辨率的A/D转换器芯片，例如Crystal公司的24位A/DC芯片CS5321等。

(2) 采样率相对较高。

地震信号的频率一般在几十赫兹，根据采样定律，数据采集器的采样率应高于两倍最高信号频率。为了同时满足高分辨率和高采样率的要求，地震数据采集器的ADC一般每个通道采用一个独立芯片完成，三个分向的地震信号就得使用3片ADC芯片。相对于地震前兆数据采集器的低采样率工作，一片ADC可以通过分时使用实现多通道的数据采集而言，地震数据采集器的必须使用更多的硬件资源，这也是地震数据采集器成本较高的原因之一。

(3) 数字滤波。

根据模数转换理论，按照一定的采样率量化以后，如果没有经过合适的滤波，则大于采样率1/2的频率成分将成为假信号，与有效带宽内的有用信号叠加，从而造成数字化信号的误差。

为了有效进行“去假”滤波，地震数据采集器必须设计滤波器环节。传统的滤波方法都是采用模拟滤波方式，这对模拟滤波器的设计要求较高，成本大且效果并不理想。现行的数字滤波方法采用“过采样”技术，即先用模拟方法将信号经过初滤波，滤波器的频率可以是有用信号最高频率f_0的数十倍，且带外斜率也不必很大，这就大大降低了滤波器的制作难度。经过初滤波以后的信号再进行数字化（以远高于f_0的频率进行采样，这一过程被称为“过采样”），“过采样”之后的信号再经过数字滤波和取样使采样力降低。

采用数字滤波可以有效滤去“假频信号”，实现高阶滤波特性、最小相移特性，同时还提高了量化精度。我国地震台网所用的地震数据采集器均采用数字滤波技术。

(4) 数据量大。

由于地震数据采集器采样率比较高，因而数据量远远大于地震前兆数据采集器的数据。以每秒50次采样率计，每个通道每天将产出近千万个数据。这样大的数据量只能采取实时传输方式进行数据通信，而不可能像地震前兆数据通信那样定时取数。因此实时通信是地震数据采集器设计和应用的基本要求。

(5) 时间服务精度要求高。

时间标准是地震观测中的一个极为重要的内容，地震震源位置的确定，主要依靠地震波从震源到各观测点之间的走时差。因此记录地震波的震相的准确到达时刻是非常重要的，地震数据采集器必须具备准确的内部时钟基准。

近年来发展起来的GPS全球定位系统为用户提供了良好的时间服务系统。利用GPS全球定位系统可以获得非常准确的时间基准，GPS系统的地面主控站的时钟精度达10^{-13}s，GPS的地面接收时间精度在10^{-7}s左右，这样的时间基准对地震观测是足够的了。

地震数据采集器设计中，一般在内部通过扩展GPS接收机模块，用于接收高精度时钟和同步信息，考虑到接收和电路中的各种误差，可以使时间精度达到10^{-3}～10^{-4} s左右。

上述特殊性要求，地震数据采集器在设计和研制时必须认真考虑并满足要求。

2.5.2 典型地震数据采集器简介

2.5.2.1 EDAS-3型16位地震数据采集器

EDAS-3型数据采集器是为大动态、高精度及高分辨率地震观测而设计研制的仪器。最多可接三路地震计输出的信号，对模拟信号进行放大、滤波、模数转换等处理，变成数字编码信号，按规定格式编排好输出。

(1) 主要技术指标与功能简介。

数据采集通道：3；

信号输入方式：双端平衡差分输入；

输入信号满度值：±4.5V；

输入放大器放大倍数：1，4，16，64；

动态范围：＞90dB；

数字滤波器：FIR 型数字滤波器；

通带范围：0～20Hz、0～40Hz；

采样率：50Hz、100Hz 两种可选；

频率特性：通带内幅值波动＜0.5%、相位非线性＜0.5%；

分辨率：2^{-16}；

授时方式和授时精度：GPS 授时，授时精度达微秒量级；

输出接口：两个全双工串行口，支持异步和同步通信，异步通信速率最大可达 19200bps；同步通信速率最大可达 4800bps。

(2) 功能结构框图。

EDAS-3 型 16 位地震数据采集器功能结构框图如图 2.29 所示。

图中 CPU 采用 16 位单片机 80C196，具有内部硬件乘发器，运算速度快，可以承担数字滤波器的密集运算和数据采集的时序控制等功能。

模拟通道采用 A/D625 仪表放大器、A/D7502 模拟开关及精密电阻网络构成，具有低噪声、低漂移、高共模抑制比等优点。低通滤波器采用 5 阶有源模拟低通滤波器，用于消除高频干扰，减少采样时的假频干扰，为高质量的数据采集创造条件。

A/D 转换采用 CS510216 位模数转换器，在 CPU 的控制下，通过分时方式完成三个通道的数据采集。

时间基准由 GPS 接收机接收同步信号，并读取时间码和定位结果，通过 CPU 实现本机计时与 GPS 接收机信号的时间同步。采用 GPS 接收机进行授时，可以获得很高的时间服务精度，还可以得到观测点的经纬度坐标。

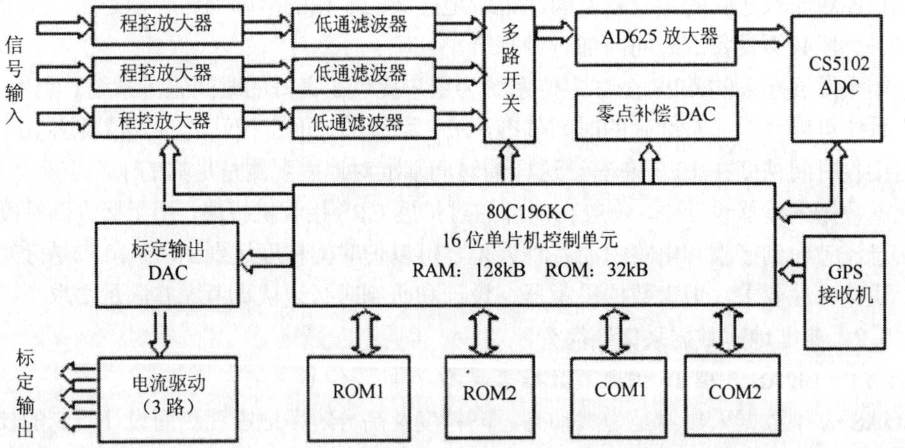

图 2.29 EDAS-3 型 16 位地震数据采集器功能框图

2.5.2.2 EDAS-C24 型 24 位地震数据采集器

EDAS-C24 型地震数据采集器采用 24 位 A/D 转换器，用于数字地震台网中的高分率、大动态范围的地震数据采集器。该设备最小集成单位为 3 路模拟输入通道和一个传感器接插接口，通用设备为 6 路模拟输入通道和 2 个传感器接插接口。

（1）技术指标。

数据采集通道：3+3（CH1、CH2、CH3 为 A 通道，CH4、CH5、CH6 为 B 通道）；

信号输入方式：双端平衡差分输入；

输入信号满度值：±10V；

动态范围：＞130dB；

数字滤波器：FIR 型数字滤波器；

通带范围：0.4、4、8、20、40、50、80、200Hz；

输出采样率：1、10、20、50、100、125、200、500Hz；

授时方式和授时精度：GPS 授时，授时精度达微秒量级；

输出接口：全双工串行口，通信速率最大可达 115200bps。

高通滤波器截止周期（秒）：10、30、100、300、1000、3000

(2) 结构框图。

EDAS-C24 型 24 位地震数据采集器采用标准 2U 工业机箱，可以安装在标准 19 英寸工业机架内。前面板设计有 LED 显示器和一个触摸式按键，用于显示 EDAS-C24 的工作参数和参数设置；后面板有相应的连接插座，包括电源输入、通信口、传感器信号输入、GPS 天线插座等。

内部电路包括 CPU、CPLD、RAM、EPROM、DC/DC 转换电路、三通道 A/D 转换器、标定信号发生器、通信接口、GPS 接口及时钟电路等。框图结构如图 2.30 所示。

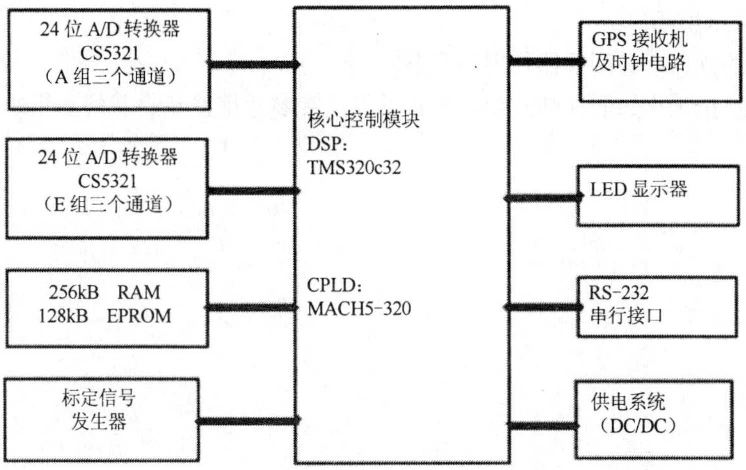

图 2.30 EDAS-C24 型 24 位地震数据采集器结构框图

CPU 采用高速数字信号处理器芯片 TMS320C32（DSP），支持单精度浮点运算，运算速度快，能够承担 FIR 数字滤波器的密集数据运算，并控制 6 通道数据采集和实时数字滤波运算。24 位 A/D 转换器采用 CS5321 芯片，CS5321 具有大动态范围，采用 Σ－Δ 调制器实现模数转换。可编程逻辑器件 MACH5-320 是 ADC、标定信号发生器等慢速外围电路与 DSP

接口的桥梁，可大大节约硬件接口逻辑和 CPU 的服务时间。

标定信号发生器由 16 位 DAC 及相应驱动电路构成，标定信号发生器的参数可以由软件设定，包括波形、定时及幅度参数。

2.5.3 安装使用要点

地震数据采集器的安装使用包括以下几个环节：

(1) 连接地震计。

地震计与地震数据采集器之间通过多芯的防水航空接插件连接，信号包括：3 路差分信号输入，用于连接地震计信号输出；标定信号输出，用于连接地震计标定线圈；电源输出，用于向地震计供电。注意地震计的供电方式一定要和数据采集器的供电方式一致。

(2) GPS 天线的安装。

数据采集器使用一个 Q9 连接器连接 GPS 接收天线，天线安装应注意对天空的张角要尽量大，且在其张角范围内无障碍物遮蔽。时间采集器内部时间采用 UTC 标准时间，如需转换成北京时间，须加上 8 小时的时区修正。

(3) 连接通信设备或计算机。

通信接口同样采用多芯防水的航空插座，引脚信号定义可参阅相关的仪器说明书。波特率的设置应注意，必须大于数据采集速率，确保数据采集器能够实时地将采集数据传输出去，否则会造成数据累积，从而导致数据传输错误。

(4) 连接供电电源。

地震数据采集器采用直流 12V 电源供电，其他规格的电源均由内部自行转换。电源的输出电流大于 1.5A。接通电源后，数据采集器按照默认的参数自动进入工作状态。注意地震数据采集器的电源要有重复地的连接，且重复地的接地电阻要小于 4Ω以下。

(5) 面板显示说明。

面板显示的操作请参阅仪器使用说明书。

关于地震数据采集器的详细介绍，读者可以直接参考相关专业书籍，此处不再详述。

3 数据通信传输

人类社会正在向信息社会演进，其主要特征就是数字化、网络化、个人化和信息化。就信息化而言，主要是指信息的开发、获取、传播、再生和利用。当今，信息已逐步被人们认识到是与物资、能量相并列的三大重要资源之一，也是材料、工具、劳动者以外的又一重要经济要素。信息传送亦即通信传输是现代社会生活中的重要组成部分，通信传输网络已经成为人们生活、信息获取、信息查询、信息处理和科学研究等活动的重要基础平台。

3.1 数据通信传输的基本概念和常见名词

3.1.1 数据通信传输的基本概念

通信的目的是为了传递信息。通信传输的基本形式是在信源与信宿之间建立一个传输或转移信息的通道，实现信息的传输。数据通信是按一定规约或协议传输数据信息的通信方式，这里的数据是指数字、字母和符号等，传输时必须转换成“0”或“1”二进制代码。规约或协议是为了有效和可靠地进行通信而制定的规则，如数据格式、同步方式和收发双方应答约定等。

当信息的形式是数字信号，其通信对象仅限于人，是人与人之间的信息传递，例如数字电话、电传电报等，则称为“数字通信”；如果通信的对象不限于人，而是人与机器（指计算机或终端等）或机器与机器之间的通信，则称为“数据通信”。

数据通信主要有如下特点：

(1) 数据通信是人与机器或机器与机器之间的通信，计算机直接参与通信；

(2) 数据通信传输和处理的是数字数据，而不是连续的模拟信号；

(3) 数据通信要求通信速度较高，接续和响应时间快，可以同时处理大量数据；

(4) 数据通信要求有严格的通信规约，对信息传输的准确性和可靠性要求高，要求传输系统质量高，误码率在 10^{-8}～10^{-10} 左右。

3.1.1.1 数据通信传输系统的基本构成

数据通信传输系统基本构成如图 3.1 所示，是由数据终端设备（DTE）、数据电路、计算机系统组成。

数据终端设备包含各种数据输入输出设备和传输控制器，数据电路包含信道和数据通信传输设备（DCE），计算机系统包含中央处理机和通信控制器等。当数据电路建立之后，要进行有效的数据通信传输还必须按一定的规则对通信传输过程进行控制，使达到双方协调和可靠地工作。这些功能是由图 3.1.1 中的传输控制器和通信控制器来完成。通常将控制装置与数据电路一起又称为数据链路。一般来说，只有在建立起数据链路之后通信双方才可真正有效地进行数据通信传输。

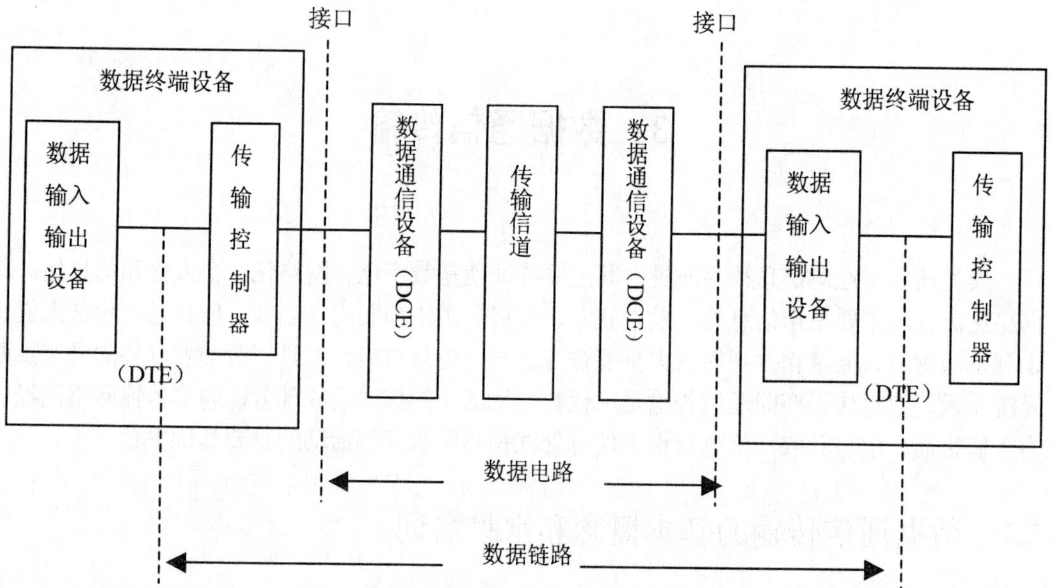

图 3.1 数据通信传输系统基本构成

3.1.1.2 数据通信传输网

数据通信传输网是将多种计算机和各类数据终端，通过通信线路连接起来的一个复杂系统，依靠分布在各处的数据传输设备、数据交换设备和通信线路所构成的网络。数据通信传输网的主要任务是在网络用户之间，进行透明地、无差错地、迅速地交换数据信息。网络中的任一设备可以与另一设备进行数据通信传输。常见的数据通信传输网有 X.25 网、帧中继网、卫星数据通信传输网等。

数据通信传输网由硬件和软件两部分组成。硬件部分主要包括数据传输设备、数据交换设备和通信线路；软件部分是由上述硬件而配置的相关网络协议组成。数据通信传输网一般有模拟和数字之分。在模拟网中，数据信息是依靠模拟通路传输的，其传输的速度较低，一般为 2.4～9.6kbit/s，适用于信息源点之间通过拨号方式选择通路实现数据通信传输的电路交换方式。在数字网中，利用数字通路实现数据传输，适用于建立高速率数据传输，传输的速度较高，可达 48kbit/s。

3.1.1.3 通信协议

通信协议是为进行交流或合作所规定的一些规则和约束事项。将协议应用到数据通信传输中，就产生了通信传输协议。通信传输协议是一种描述通信传输过程中信息交换进程的一种术语。数据通信传输中相互通信的实体在不同的物理位置，为了实体之间能够进行数据通信传输，并进行所要求的处理，通信双方必须遵守共同的通信规则。例如，什么时候开始通信，采用何种数据格式，数据如何编码，按什么顺序交换数据，出现差错时如何处理，如何为数据选择传输路径等等。

通常通信协议包括三个要素：语法、语义和定时关系。语法确定通信双方交换什么样的信息，即对通信双方采用的数据格式、编码等进行定义。语义确定通信双方怎样进行信息交换，即通信发出的请求、执行的动作及对方的应答等做出解释。定时关系明确通信双方交换信息的次序，如谁先交换、交换什么、交换的速度多快等。

面对众多不同计算机、通信设备和网络生产厂家，以及用户要求的既便宜、又灵活、还要方便的联网需求，必须建立一个公认的通信网络联网标准和网络体系结构，以实现计算机系统、通信设备和任意网络系统的互联。国际标准化组织 ISO（International Standards Organization）于 1979 年提出了开放式系统互联，确定了开放式网络体系结构标准框架，即 ISO/OSI 参考模型（图 3.2），原国际电报电话咨询委员会（CCITT）也认可并采纳了这一国际标准的建议文本。

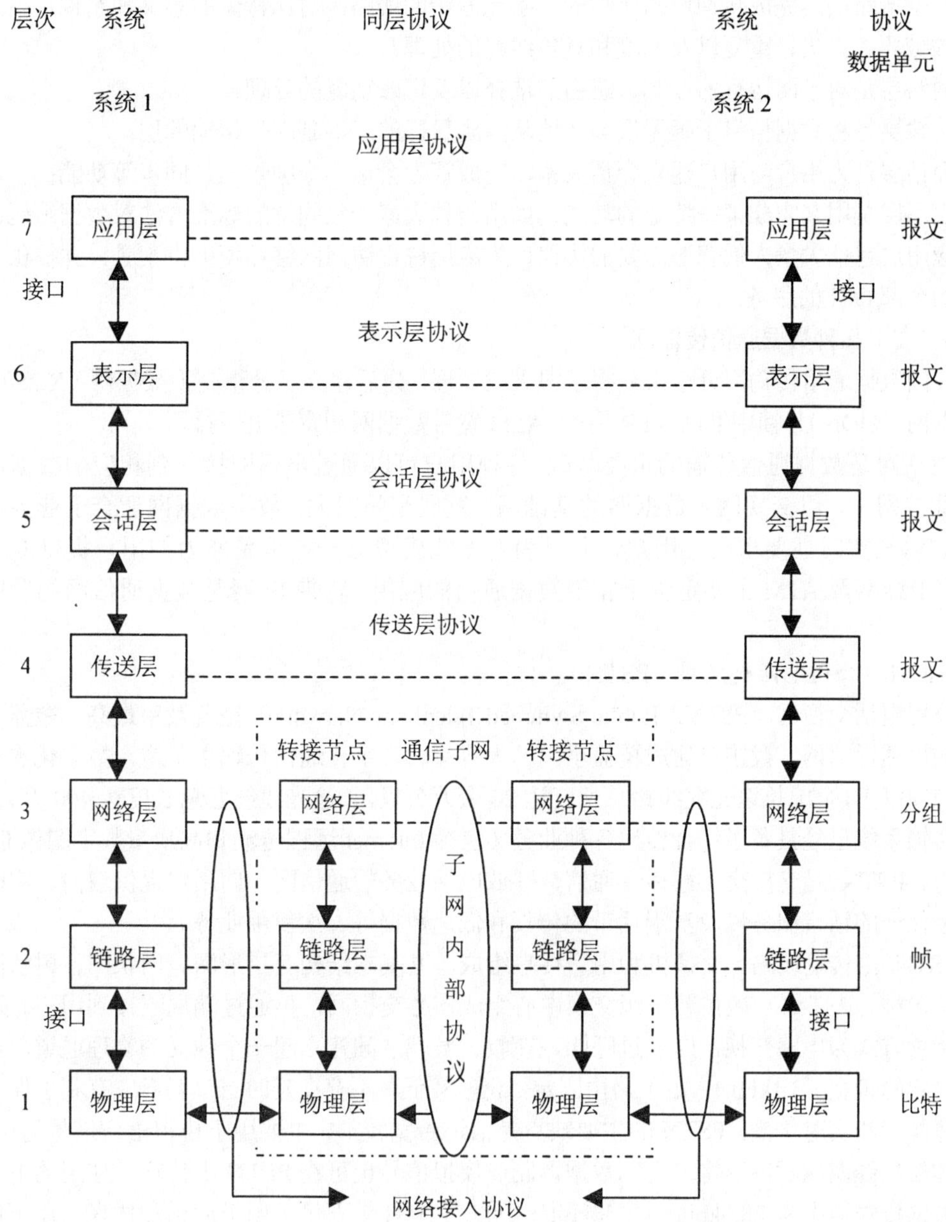

图 3.2 ISO/OSI 参考模型示意图

ISO/OSI 参考模型的第 1 层至第 3 层提供了底层协议，主要与系统的通信有关，由硬件或专用控制器实现。第 4 层至第 7 层是高层协议，主要与进程之间的通信有关，由软件实现。OSI 的层次结构其优点是：某一层可以由另外一个厂家的相应层替代，而其他各层保持不变；可以将网络硬件设计和软件设计分开独立进行；也可以由替换某一层而不是整个网络系统使网络升级；同时还可以把与通信有关的功能从主机移至网络控制设备上。

物理层涉及到通信在信道上传输的原始比特流，主要是关于机械的、电气的过程接口以及物理层下的物理传输介质等的处理；

数据链路层是完成传输原始比特的一条无差错的线路，对比特流的意义和结构，传送帧结构的破坏、丢失、重复以及速度和竞争线路的处理；

网络层是对子网运行的控制、路由的选择以及记账功能的处理；

传输层是将数据信息正确无误高效地从源到目标的“端到端”传输的层；

会话层是为用户与用户建立会话关系，完成管理会话、令牌管理、同步等功能；

表示层是用来完成某些特定的功能，如用一种大家一致同意的标准方法对数据编码；

应用层包括大量人们普遍需要的协议，为应用进程访问网络环境提供工具，并提供直接可用的全部 OSI 的服务。

3.1.2　几种数据通信传输网

我国数据通信传输网近年来获得了很大的发展，先后建立了分组交换数据网（X.25）、数字数据网（DDN）、帧中继网（FR 网）、ATM 宽带数据网和宽带 IP 网。

电话网是数据通信传输的重要基础，各种用户可以通过电话网接入到相应的数据网和增值业务网；分组交换网是数据网的基础网，发展空间很大；数字数据网适合于业务量持续稳定以及实时性要求高的用户，并可为对专线资费有一定承受能力的用户提供专线业务；帧中继网及 ATM 主要定位于宽带数据通信的应用；宽带 IP 网是数据通信网的发展趋向。

3.1.2.1　公用电话交换网（PSTN）

公用电话交换网（PSTN：Public Switched Telephone Network）是普及率最高、覆盖范围最广的电话通信网。我国已建成覆盖全国的大容量、数字化通信传输主干道，数字化水平已达 99.2%以上，全国长途光缆线路总长度达 20 余万公里，长途光缆纤芯总长度达 400 万公里，长途传输系统已经具备了综合传送各种业务（包括 Internet 远程传输和高质量数字图像业务）的能力。PSTN 是支持交互性话音通信、开放电话业务的通信网，向用户提供双向、实时和有质量保证的话音服务以及基于话带的传真和低速数据等二次复用业务。

PSTN 由传输线路、交换机和用户终端组成。其基本结构有星形网、网状网、树状网及复合网多种。PSTN 一般由若干级交换中心组成核心交换网，再通过端局连接到用户。通过电话接续方式为电路交换，即经过呼叫，在收、发端之间建立起一个独立的物理通道，该通道有固定的带宽（3.1kHz），由于路由固定，延时较低，不存在延时抖动问题，有利于保证连续媒体同步和实时传输。PSTN 的主要缺点是信道带宽较窄，主要用于模拟语音信号的传输，多媒体信息经调制解调器将二进制数据调制成模拟信号也可在 PSTN 中传输。使用的电话交换网数据传输速率为 28.8kbit/s 或 56kbit/s。此时，PSTN 不仅可用于通话和传真，还可以提供低速多媒体业务，低质量的可视电话和多媒体会议使用。

3.1.2.2　分组交换数据网（PSDN）

数据交换方式有电路交换、报文交换、分组交换三种主要交换方式，其中分组交换方式是专为数据通信信息交换而专门设计的交换技术。随着电信网向综合化、高速化方向发展，又相继出现其他一些分组交换的改进型，如帧交换和 ATM 交换等。

分组交换方式将用户要传送的信息分割为若干分组，每个分组中有一个分组头，含有可供选择的信息和其他控制信息，如源地址、目的地址、用户数据段编号及差错控制信息等（如 X.25 的分组格式）。分组交换节点对所收到的各个分组分别处理，按其中的选路信息选择去向，以发送到能到达目的地的下一个交换节点。正是由于分组较短且定长，分组可在内存中缓存，大大减少了节点的处理时间，使分组交换能够用于交换式的数据业务。

采用存储转发的分组交换，实质上是采用了断续（或动态）分配传输带宽的策略。这对传送突发式的数据是非常合适的，可以大大提高通信线路的利用率。分组交换的主要优点是：

(1) 高效，动态或断续分配传输带宽；

(2) 灵活，每个节点都能智能地根据情况决定路由和对数据做必要的处理；

(3) 迅速，不太长的分组为传送单位，使成为在每个节点存储时间很短的高速链路；

(4) 可靠，完善的网络协议，分布式多路由的通信子网；

(5) 复杂，这也是分组交换带来的一些新问题，分组交换在各个节点存储转发时需要排队，总会造成一定的延时，而分组必须携带的控制信息造成了一定的额外开销，管理和控制也比较复杂。

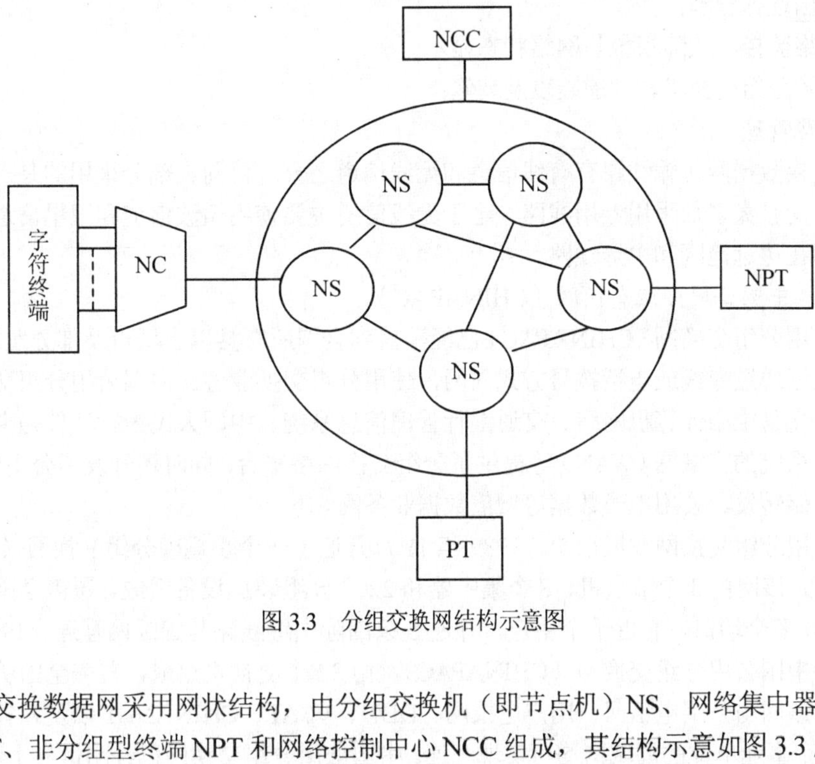

图 3.3　分组交换网结构示意图

分组交换数据网采用网状结构，由分组交换机（即节点机）NS、网络集中器 NC、分组型终端 PT、非分组型终端 NPT 和网络控制中心 NCC 组成，其结构示意如图 3.3 所示。

分组交换机（NS）是分组数据网的枢纽，根据分组交换机在数据网中所处的地位的不同，可分为中转交换机和本地交换机。分组交换机的主要功能有：

(1) 支持网络的基本业务，如闭合用户群、快速选择、用户识别等；

(2) 进行路由选择，以便在两个 DTE 之间选择一条较合适的路由，并进行流量控制，以便不同速率的终端也能进行互相通信；

(3) 实现 X.25、X.75 等多种协议；

(4) 完成局部的维护、运行管理、故障报告与诊断、计费与一些网络的统计等功能。

分组交换机之间一般采用高速电路互联，传输速率为 48kbit/s、62 kbit/s 或 72 kbit/s，当通信量较小时也可以用传输速率为 9.6kbit/s 的电路互连。

网络集中器（NC）的主要功能是将多路异步低速数据终端送来的数据集中后通过一条中速电路送到交换节点机，可节约大量电路资源，提高电路利用率。还可以完成分组装/拆功能完成与各种低速数据终端的接口，其速率一般为 50bit/s 到 300bit/s。

分组型终端（PT）与交换机连接时具有分组数据处理能力，可以直接入网。非分组型终端（NPT）不具有分组数据处理能力，不能直接进行分组交换，而须通过分组装拆设备（PAD）转换才能入网。

网络控制中心（NCC，又叫网络管理中心 NMC）是管理分组交换网的工具，用以保证网络的连续工作和有效性。网络管理中心通常由两个以上的小型计算机组成，一个主用一个备用，保证网络管理的安全，其主要功能有：

(1) 网络配置管理和用户管理；

(2) 运行数据的收集与统计；

(3) 路由选择管理；

(4) 网络监控、故障报警与网络状态显示；

(5) 对各分组交换机软件遥装以及装修；

(6) 计费管理。

分组交换数据网传输线路有有线信道和无线信道之分。目前大部分采用的是有线信道的传输形式，而且大多数采用专用线路。至于无线信道主要使用微波信道和卫星信道，而卫星信道主要用在边远地区和中继线路。

3.1.2.3 中国公用分组交换网（CHINAPAC）

中国公用分组交换网（CHINAPAC）已经覆盖到全国所有县以上城市及部分发达的乡镇。用户可以就近通过专线或电话拨号方式入网，使用分组交换业务。中国公用分组交换网已经为中国外汇交易中心计算机网络、交通银行管理信息系统、中国人民银行证件磁卡网络、国家信息中心系统的广域网（WAN）等提供了分组交换网络平台。同时还开发了公用电子信箱、公用传真存储转发、公用电子数据等增值数据业务网。

我国公用分组交换网发展很快，1989 年 11 月开通了一个小规模分组交换网（CNPAC），作为试验网，该网由 3 个节点机、8 个集中器和 22 个分组装拆设备组成，覆盖全国省会以上城市有 1000 多个端口，有近千个用户，开通 8 条国际中继线路与国际网互连。1993 年 9 月开通新建的中国公用分组交换网（CHINAPAC），由 32 个交换机组成，覆盖全国所有省、市中心城市，该网与公用电话网、用户电报网、DDN、VSAT、CHINANET 以及各省市的地区网、各大型企事业单位的局域网均可实现互连。中国公用分组交换网已经与世界上 23 个国家和地区的 44 个公用分组交换网进行了互连，这样国内的任何一台计算机均可通过中国公用分组交换网进行国际间数据传输和通信。

中国公用分组交换网的网络等级采用二级结构，由骨干网（一级交换中心）和地区网（二级交换中心）组成。分组网的一级交换中心为骨干网，它由 31 个省会级城市、直辖市的 32 个节点组成；北京、上海为国际出入口局，广州为港澳出入口局；另外北京、上海、沈阳、武汉、成都、西安、广州及南京等 8 个城市为汇接中心。网内中继电路主要采用数字电路，通信速率可达 64kbit/s～2Mbit/s，每个节点中心吞吐量可达 3200～6400 分组/s，每秒可处理 250 次呼叫。到 1995 年底，中继速率已达到 34Mbit/s，处理能力也进一步提高。分组网的二级交换中心为地区网，它由各省市的地区的交换中心组成骨干网与各省市地区的交换中心采用辐射连接。网络组织安排、技术标准、网间互连等都按统一标准规定执行。

3.1.2.4 数字数据网（DDN）

数字数据网（DDN：Digital Data Network）是以四通八达的数十万条光缆为主体，包括数字微波、卫星等数字电路，通过数字电路管理分配设备（称为 DDN 设备）构成的数字数据电路管理和分配的网络。DDN 的主要目的是灵活方便地向用户提供永久性或半永久性的数字电路出租业务。电信部门利用 DDN 所提供的电路构成各种数据网或业务网。1994 年开通的第一期工程已经通达所有的直辖市和省会城市，具有 E1 速率（2.048Mbit/s）端口 776 个，其他速率的端口 2588 个。干线传输速率通常为 2.048Mbit/s（E1）和 34Mbit/s（E3）。该网传输时延短（平均多个节点的延时不大于 450μs），传输质量高，具有路由自动迂回和基于简单网络管理协议（SNMP 和 SNMPv2），特别适合于对传输时延要求高、信息量大的用户。

数字数据网由本地传输系统、复用/交叉连接系统、局间传输系统、网同步系统和网络管理系统 5 部分组成，结构框图如图 3.4 所示。图中 N 为 DDN 节点、UAU 为用户接入单元、NAU 为网络接入单元、DTE 为数据终端设备。

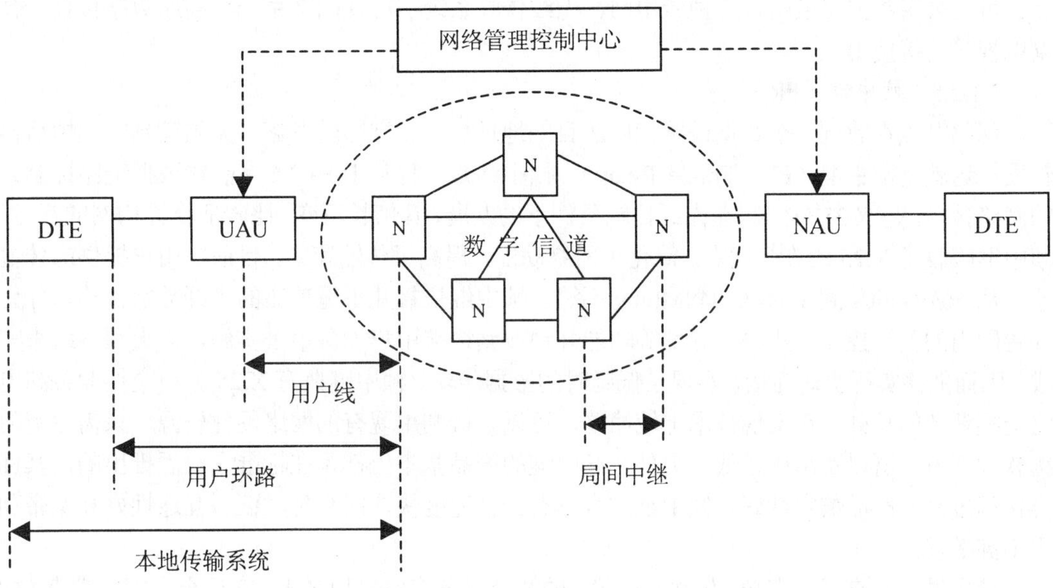

图 3.4 数字数据网（DDN）组成结构示意图

(1) 本地传输系统。

本地传输系统是由能发出脉冲形式的数字信号、音频形式的话音和传真信号、数字形式的数据信号等原始信号的用户设备，市话电缆和光缆用户线，以及能把用户的原始信号转换成适合在用户线上传输的频带型或基带型的调制信号和实现复用的网络接入单元组成。

(2) 复用/交叉连接系统。

把多路信号集合在一起共同占用一个物理传输介质，实现资源复用。典型的复用方式分为频分复用（FDM）和时分复用（TDM）。DDN 常用的时分复用为 2.048Mbit/s 数字帧电路超速率复用和子速率复用等。

数字交叉连接系统（DCS）用于通信线路的交接、调度及管理。由同步电路、交叉连接、微机处理 3 个主要单元组成。

(3) 局间传输系统。

局间传输系统是指节点N之间的数字信道以及由各节点通过与数字信道的各种连接方式组成的网络拓扑。

(4) 网同步系统。

网同步系统提供全网设备工作的同步时钟，以确保 DDN 全网设备的同步工作。DDN 通常采用把时钟相位锁定在主时钟的参数定时上达到同步的主从同步方式。

(5) 网络管理系统。

网络管理系统包括：用户接入管理、网络资源的调度、路由选择、网络状态的监控、网络故障的诊断、报警与处理、网络运行数据的收集与统计、计费信息的收集与报告等。

DDN 是同步数据传输网，具有传输质量高，传输误码率可达 10^{-11}、传输速率高，网络延时小、全透明、网络运行管理简便、对数据终端设备的数据传输速率没有特殊的要求等特点。可为公用数据交换网、各种专用网、无线传呼系统、可视图文系统、高速数据传真、会议电视等连接使用。

3.1.2.5 帧中继（FR）

网络节点在收到一个数据链路帧中的目的地址后，就立即转发帧，无须等到收完帧后再转发，这就是帧中继（FR：Frame Relay）。帧中继是一种基于 HDLC（高级数据链路控制）的网络技术，是 X.25 分组网在光纤传输条件下的发展，其帧长可变，比较适合异构网的互连。帧中继吸收了 X.25 的许多优点，简化了网络功能，提高了传输速率，目前向用户提供的传输速率从 56/64kbit/s 到 1.544/2.048Mbit/s 不等。帧中继依靠几乎无差错的光纤数字传输，并允许将网内的差错控制、排序、寻址等功能开销放到终端用户设备中去实施，而无须网络来完成，因而能够实行快速连接，实现了低延时的数据传输。帧中继兼有 X.25 分组交换业务和电路交换业务的长处，在实现技术上较简单，可以直接利用现有的网络硬件资源，只需更新网络软件即可，所以费用比较低。另外，帧中继的产品基本上都是在标准完成后推出的，其标准化程度高，产品兼容性好。帧中继技术具有传输速度快、网络延时低、互连性好和宽带利用率高等优点。

帧中继是共享网络资源（传输与交换）的统计时分多路复用技术，它适合在智能端点（如局域网 LAN）之间使用，由高速传输设备和连接它们的交换机实现的。帧中继网结构示意图如图 3.5 所示。

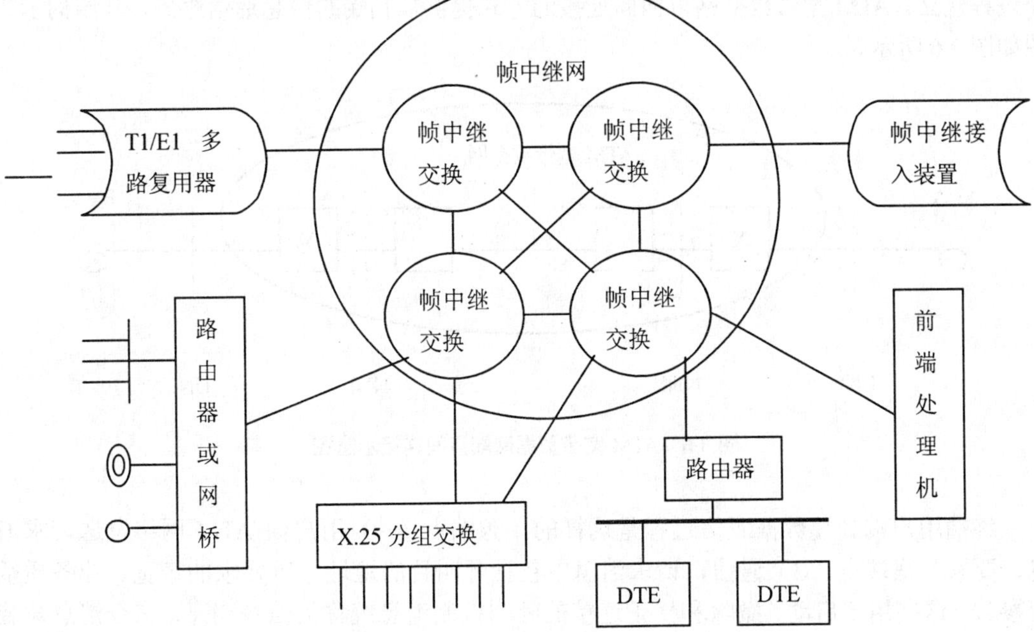

图 3.5 帧中继网结构示意图

帧中继网由帧中继网接入设备和帧中继网交换设备组成。帧中继网接入设备为用户域设备，包括帧中继的主机、桥接器、访问路由器、信关、X.25 分组交换、帧中继接入装置等；帧中继网交换设备为网络服务提供的设备，包括 T1/E1 一次群复用设备和帧交换节点机。

帧中继在块交互数据、文件传输、字符交互、互连局域网等方面有广泛的业务应用。

3.1.2.6 ATM 宽带数据网

人们很早就开始寻求一种通用的通信网络，以适应现在和将来各种不同类型业务的传输、复用、交换和接入（统称为传递）要求。因此，综合业务数字网（ISDN）产生了。但是，目前的窄带综合业务数字网（N-ISDN）对于快速发展的高速数据通信、会议电视、高清晰度电视（HDTV）、视频点播（VOD）等显得无能为力。1986 年国际电信联盟（ITU）正式提出了宽带综合业务数字网（B-ISDN）的观念，并于 1988 年推荐以快速分组交换的异步传递模式（ATM：Asynchronous Transfer Mode）作为未来宽带网络的信息传递模式。

在 ATM 这种传递模式中，信息被分装成信元（Cell），由于一个通信过程的各信元不需要严格按照一定的规律出现，因此，这种传递模式是异步的。传递模式是指电信网络所采用的复用、交换和传输技术，即信息从一点“传递”到另一点所用的传递方式。

ATM 是一种统计时分复用技术可实现网络资源的按需分配，其硬件实现固定长度分组的快速交换，具有时延小，实时性好的特点，能够满足多媒体数据传输的要求。ATM 是支持多种业务的传递平台，并提供质量保证。它是面向连接的传输技术，在传输用户数据之前必须建立端到端的虚连接，所有数据，包括用户数据、信令和网管数据都通过虚连接进行传输。永久虚连接（PVC）可以通过网管功能建立，而交换虚连接（SVC）必须通过信令过程建立。ATM 宽带数据网以面向连接的方式提供端到端的信息通信服务，其结构示意图如图 3.6 所示。

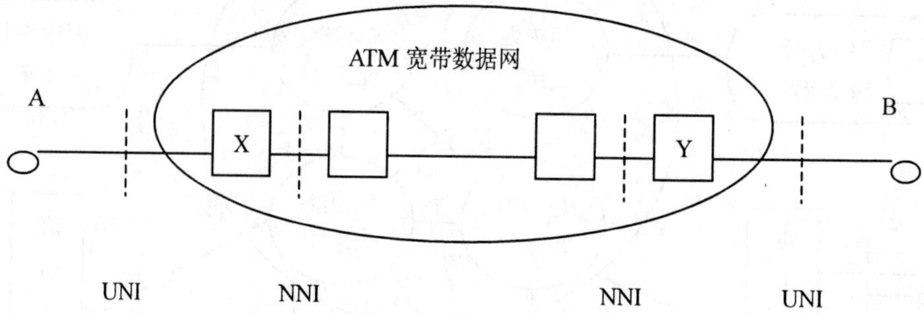

图 3.6　ATM 宽带数据网端点间连接示意图

终端用户端到端数据通信过程是这样的，源端点（A）用户向 ATM 网络发送请求消息，要求与宿端点（B）通信，请求消息中包括呼叫目的地址、所要求的带宽、业务质量等参数。这些用于启动、撤除和修正连接的呼叫控制消息统称为信令消息。信令消息被装入到 ATM 信元进行传送，当具有执行呼叫接纳控制功能的与源端点（A）相连的 ATM 交换机（X）和网络中其他节点交换机一起，来确定是否支持新的连接。如果支持，则由与（B）相连接的交换机（Y）以信元形式向 B 发送建立消息。若 B 同意接收，用一个呼叫接收消息应答 Y，并经 ATM 网络送到 X，然后通知 A，完成了连接建立过程，可以进行数据通信了。

在用户网络接口 UNI 和网络节点接口 NNI 上进行通信，信令消息将遵从 UNI 信令协议和 NNI 信令协议。

3.1.2.7　综合业务数字网（ISDN）

随着科学技术的进步和社会对信息传送处理需求的增长，电信网络的发展存在着“诸网并存”的局面，各种专门的网络提供不同的电信业务，显然，经济性差、效率低、各管理部门间关系复杂，无论用户还是运营管理部门都很麻烦，另外，资源浪费、维护成本高，妨碍新业务的迅速引入。因此，必须用单一的网络来提供各种不同类型的业务，实现完全的开放系统互连和通信，这个网络就是综合业务数字网（ISDN：Integrated Services Digital Network）。1984 年，国际电报电话咨询委员会 CCITT 为 ISDN 定义为由电话综合数字网（IDN）演变而来，提供端到端的数字连接，以支持一系列广泛的业务（包括话音和非话音业务），它为用户进网提供一组有限的标准多用途用户——网络接口。自此，ISDN 开始迅速发展。经历了四个阶段的发展，ISDN 已从窄带综合业务数字网（N-ISDN）向着能适应诸如电视会议、广播电视、高清晰度活动图像和高速数据等高速宽带业务的需求的宽带综合业务数字网（B-ISDN）发展。宽带综合业务数字网是一种全新的网络，它的信息传送方式、交换方式、用户接入方式、通信协议等都是全新的。

3.1.2.8　宽带 IP 网

网络综合的历史经历了公用交换电话网、窄宽带综合数据网等等网络进到了 IP 网络的过程。随着用户数的急剧膨胀、信息量持续增长、业务类型的增加，传统 IP 网络已不能适应发展的需要，宽带的 IP 网应允而生。在解决好网络服务质量保障体系、业务提供与控制体系、网络安全等问题，而向具有高速 IP 网络协议、高速 IP 传输、高速 IP 交换的宽带 IP 网发展的通信新框架将是历史的必然。

未来，传统电话、移动通信漫游、新一代综合 VoIP 系统，到电子商务、综合应用服务，乃至交互电视业务，全部都将由统一的核心 IP 网来完成。其差别仅仅是接入网不同而已，可以是传统电话网、无线移动电话接入网、有线电视网、不对称数字用户线、本地多点分配业务、局域网接入等。

3.1.2.9 移动通信网

移动通信是指双方或至少有一方处于运动中所进行的信息交换，它是用户随时随地快速可靠进行各种信息（话音、数据和图像等）交换的理想形式。移动通信网是现代信息网中用户增长最快的网络，已经成为与卫星通信、光通信并列的三大重要通信手段之一。

移动通信技术系统经历了三代，现正向第四代迈进。第一代移动通信系统即 1G，以模拟技术为主。该系统在网络组网上采用蜂窝小区制，多址方式为频分多址（FDMA），双工方式为频分双工（FDD），采用模拟调频调制方式；第二代移动通信系统即 2G，以窄带数字技术为主。多址方式为时分多址（TDMA）/频分多址（FDMA）和码分多址（CDMA），采用数字调制和话音压缩编码等技术，具备了综合数字业务功能；第三代移动通信系统即 3G，为 IMT-2000 宽带移动通信系统，全球统一频段，统一标准，无缝覆盖。实现高服务质量，高保密性能，高频谱效率，提供多媒体业务，实现无线多媒体接入通信服务。第四代移动通信系统即 4G，将按未来移动通信系统的要求，实现高数据速率传输，高移动性，大区覆盖及各系统之间无缝漫游，高性能与低比特成本和无线服务（OoS）资源控制等。

移动通信系统从设备来看，除蜂窝移动电话系统外还有无线集群系统、无线寻呼系统、无绳电话系统和卫星移动通信系统等。

3.1.3 数据通信传输常用名词

3.1.3.1 调制解调

调制解调是通信上用来解决信号在不同信道上传送的技术。把数字信号转换成模拟信号叫调制，而把模拟信号变换成数字信号称为解调。调制是用一定频率的正弦波作载波，用另一个波控制载波参数的变化。正弦波信号有幅度、相位、频率等三个参数，因此调制也有幅度调制、相位调制、频率调制三种基本方式。解调则相反，从已调制的正弦波中分解出原来的控制波。调制解调器则是将数字信号转换成模拟信号，以适应在模拟信道中传输，又可以将被转换的模拟信号还原为数字信号的设备。

3.1.3.2 通信信道

信道——传输媒质，是通信网中的信息传输通道。信道是通信网中必不可少的传输条件，要求传输信息时保质保量，而且要迅速快捷，还要经济实用。信道是为通信网络各节点提供物理连接，可以是无线的，也可以是有线的。

有线信道就其介质来说可有同轴电缆、光纤、双绞线。

无线信道就目前应用广泛的有超短波波段通信、微波扩频通信、卫星通信。

3.1.3.3 通信协议

通信协议是通信过程中对等实体间交换信息时所必须遵守的规则的集合。数据通信网是将各类终端通过通信线路连接起来的一个复杂系统，要实现各种功能，必须找到它们之间互连而协调一致的规约，一般规约的制定和实现采用层次结构，即将复杂的规约协议分解为一些简单的分层协议，再综合成总的协议。通常把同等功能层间的通信规约称为通信协议。

3.1.3.4 节点

数据通信网是由硬件和软件组成，各种硬件通过传输线连接，在通信网络中完成数据传输、交换功能的一个点称为节点。

3.1.3.5 中继器

中继器又称为重发器，是一种信号再生设备。当信号通过传输介质传输时，会产生衰减，当达到一定距离时，信号就会丢失。中继器的作用就是放大从一段电缆上接收到的信号，并将该信号向另一段电缆发送，中继器提供了一种扩展网络距离的简便方法，也不影响信号的传输质量，但增加了网络的拥挤程度。

3.1.3.6 网桥

网桥又称为桥接器，是一种具有一定智能的网络互连设备，用于互连相似的局域网。网桥具有足够的缓存空间，以满足高峰负载时不同速率局域网之间的信息传递，另外，还具有寻址和路径选择功能，以决定把哪些数据从一个局域网传送到另一个局域网。

3.1.3.7 路由器

路由器和网桥一样，都可以有效地扩展网络，而且具有更多的智能，如路径选择能力，通过路由器可以实现不同类型网络的互联。路由器的结构灵活，功能更强，它实际上把一个大型网络隔离成几个独立的小型子网，网间路由器作为中间的“存储—转发”设备，把信息从源地址送到目的地址。

3.1.3.8 网关

网关又称为协议转换器，适合于不同类型网络的互连，具有更高级的智能，但速度也更慢。网关提供了不同网络协议之间的翻译能力和服务，允许一个网络上的设备与另一个不同网络上的设备进行通信，达到两个完全不同的网络互连使用。

3.2 采用 RS-232C 接口方式的数据通信

3.2.1 串行接口的数据通信

通常终端设备和通信设备的数据传送接口按数据传送方式的不同，可分为并行接口与串行接口两种。并行接口的基本特点是一个传送数据的各位同时传送，需要使用多根数据线，其优点是传输速率高，不要求固定的格式，组成应用系统很方便，但传输距离短。串行接口是将数据的各个位一位一位地按顺序分时传送，数据连线少，适于长距离传送，主要用于远程通信和中低速传送设备使用。

在串行接口的数据通信中，其数据传送方式有三种：单工、半双工和全双工。由于串行接口通信中，无论发送或接收，都必须有时钟脉冲信号对传送的数据进行定位和同步控制，因此，串行通信对收发时钟和传输速率都有一定要求。对数字通信还要考虑信号调制解调、差错控制、信道复用等问题。

根据串行通信中对数据流的分界、定时及同步的方法不同，串行通信的基本方式可分为两种：异步串行方式和同步串行方式。通信协议也有异步串行通信协议和同步串行通信协议之分。

常用的串行通信接口标准是 RS-232C，这个标准是 1969 年由美国电子工业协会（EIA）制定的。根据标准规定：RS-232C 接口有 22 根线，分主信道和辅助信道，采用标准 25 芯插座。实际使用中，远距离串行通信最常用的只是其中的一些基本信号线（9 根），因此，为方便使用采用了 9 芯插座。对于一些简单的应用场合以及在一般双机通信中，只需用到 3 根最基本的信号线即收、发线和信号地线。

RS-232C 采用负逻辑，带 3～7kΩ 负载时，驱动器输出电平＋5～15V，在负载端要求＞+3V 为逻辑 0；驱动器输出电平-5～-15V，在负载端要求＜-3V 为逻辑 1。

RS-232C 串行通信标准接口在使用时应保证电平在规定的范围内，才能确保数据通信传输正确。对于与 TTL 电路连接时必须进行电平转换。由于 RS-232C 在收发器和接收器之间有公共信号地，必须采取抗共模噪声干扰。RS-232C 串口在实际使用中还应处理好最大传输速率和最大传输线长度之间的关系。

3.2.2 电话拨号数据通信

公用电话交换网（PSTN）是建立最早的普及率最高、覆盖范围最广的电话通信网。虽然计算机通信网络的发展非常迅速，也已经建立起众多的公用数据通信网，如分组交换数据网（PSDN）、数字数据网（DDN）、帧中继（RF）、综合业务数字网（ISDN）等等，这些数据通信网无论在通信速率、网络响应时间、安全可靠性和适应各类用户需求提供各种不同业务等方面都是公用电话交换网无法相比的，然而，公用电话交换网凭借它的普及率、使用方便等优势，以及自身技术在不断发展，支持数据通信的能力也在不断提高，利用它进行数据通信也在发展，尤其是 Internet 的发展，大部分用户仍然依靠公用电话交换网拨号上网。

地震台站在“八五”、“九五”期间大多使用电话拨号数据通信。由数据终端提供串口与调制解调器相连拨号经电话线到对方的调制解调器和数据终端进行数据通信传输。其通信系统结构示意图如图 3.7 所示。

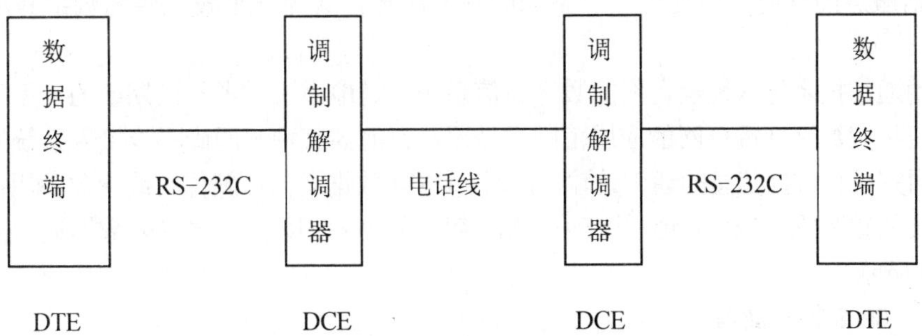

图 3.7 电话拨号数据通信结构图

3.2.3 VHF 数据通信

在可通视的距离内，采用超短波（VHF）通信具有良好的特性，通信比较可靠，功耗较小，设备较为简单，便于管理，连续工作时间长，其通信速率可达9600bit，较为适合用于数字化地震遥测台网的中心站（或台站）到子站的组网通信。通常数字化地震台网的中心站（或台站）的周围分散多个观测点（摆房、山洞、水井等），其距离一般在几公里至几十公里以内，采用超短波通信技术，是实现近距离（无阻挡）遥测，小范围组网的优秀方案。VHF 超短波数据通信结构示意图如图 3.8 所示。

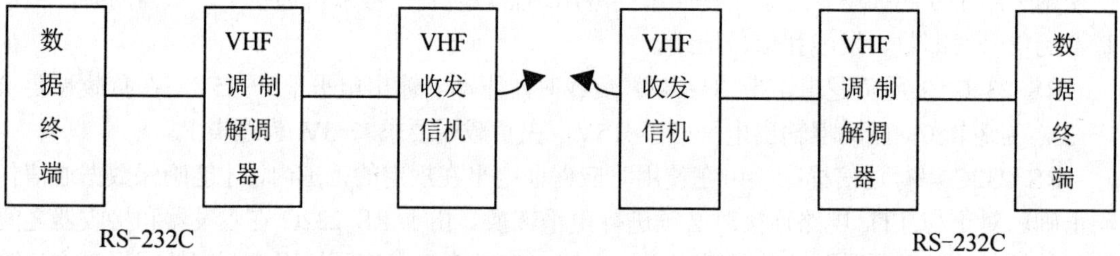

图 3.8 VHF 超短波数据通信结构示意图

3.2.4 GSM 数据通信

通信网总是要向综合业务网方向发展，移动通信数字化适应了综合业务的需要。数字移动通信网有两种体制。一是时分制的 GSM 系统，二是码分制的 CDMA 系统。两者都是蜂窝结构，并采用了数字无线传输和蜂窝之间的先进切换方法，获得了比模拟蜂窝系统好得多的频谱利用率，也提高了系统的容量。

全球数字移动通信系统（GSM）是世界上首先推出的数字蜂窝通信系统，其自身具有如下优点：频谱效率高、容量大、话音质量高、安全性好、在综合业务方面有一定优势。目前，GSM 系统已成为我国最成熟和市场占有量最大的一种数字蜂窝通信系统，全国有96%以上的县市开通了 GSM。GSM 系统的结构层次清晰，采用时分多址（TDMA）技术，是最流行的 TDMA 系统的典型例子。GSM 综合了语音和数据业务，不仅设计了空中接口、网络中软硬件之间的接口还制定了与综合业务数字网（ISDN）的服务功能一致的系统，提供移动电话服务的同时，还提供了一系列的其他服务，成为一个较完善的数字蜂窝通信系统。

将移动通信技术植入地震台网的数字通信系统，是地震工作者早已期望的。无线对有线的补充，将拓宽数字地震台网的应用范围，使那些目前因某种原因尚不能接入系统的摆房、井房、山洞完成其数据信息的通信传输。同时，GSM 数据通信可辅佐有线应急备用；方便系统管理人员的跟踪维修应用；地震流动观测，特别是大震现场使用。GSM 数据通信结构示意图如图 3.9 所示。

3.2.5 GPRS 数据通信

GPRS 是 General Packet Radio Service 的缩写，即通用分组无线业务，它是在 GSM 系统的基础上引入新的部件而构成的无线数据传输系统，给现有的 GSM 系统带来分组业务，使

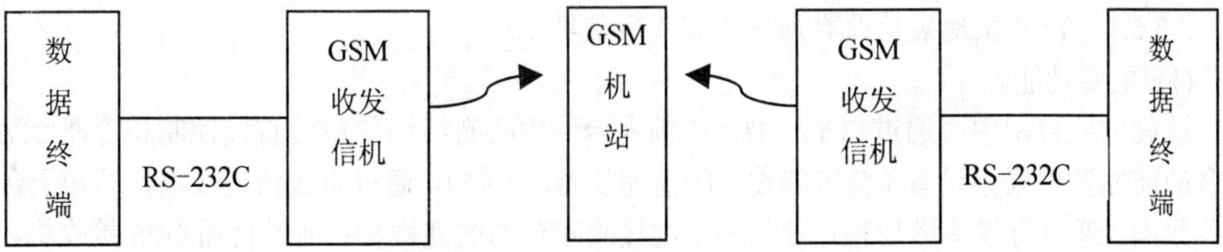

图 3.9 GSM 数据通信结构示意图

得 GSM 用户能通过手机接入因特网或企业网等公用数据网，其连接和建立可以使用 IP 或 X.25 等协议。能兼容 GSM 并在网络上更加有效地传输高速数据和信令。GPRS 是一个以分组为基础的系统，它具有与其他分组数据系统一样的特性，特别适合突发性分组数据的传输。用户能够在端到端分组模式下发送和接收数据，而不需要利用原有电路交换模式的网络资源，从而提供了一种高效、低成本的无线分组数据业务。由于无线资源采用动态分配方式，一个用户可分配多个时隙，一个时隙也可以由多个用户共享，用户虽然与网络一直连接，但仅当有数据传输时才占用无线信道资源。GPRS 采用与 GSM 相同的频段、相同的频带宽度、相同的突发结构、相同的无线调制标准、相同的跳频规则以及相同的 TDMA 帧结构。因此，在 GSM 系统上构建 GPRS 系统时，GSM 系统中的绝大部分都不需要作硬件改动，只需作软件升级。

GPRS 系统具有永远在线、使用范围广（覆盖范围与 GSM 网大体相当）、投资少、系统运行费用低、通信可靠性高等优点。

将无线 GPRS 移动通信技术应用到地震台网的数字通信，可以使那些目前因某种原因尚不能上网的摆房、井房、山洞完成其数据信息的通信传输。同时，还可以辅佐有线应急、地震流动观测、大震现场使用。

GPRS 数据通信结构示意图如图 3.10 所示。

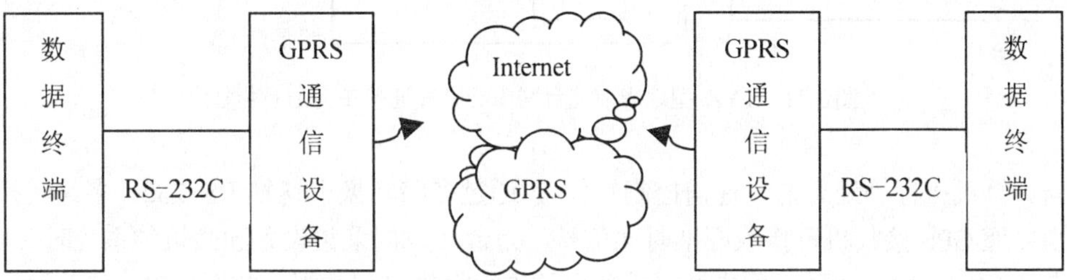

图 3.10 GPRS 数据通信结构示意图

3.2.6 几种专用通信功能部件的作用及结构原理

在数字地震台网（前兆）中使用了三种有线通信设备：TYZ 型地震前兆台网中心有线通信单元、TY-1 型地震前兆主台有线通信单元、TY-2 型地震前兆子台有线通信单元。以下介绍其通信功能及结构原理。

3.2.6.1 TYZ 型地震前兆台网中心有线通信单元

(1) 主要功能。

地震前兆台网中心通过 TYZ 型地震前兆台网中心有线通信单元直接控制和管理台站和子台的前兆数据采集设备（含智能设计的前兆仪器，下同），通过有线信道接收台站和子台的前兆数据；通过有线信道与超短波信道中继接收子台的前兆数据；通过接通 GPS 接收机，接收标准时间信号，为台站数据采集设备和微机的系统时钟对时；接通有线 MODEM，实现台网中心修改前兆台站数据采集设备的系统参数及其他台站管理功能。

(2) 工作原理。

地震前兆台网中心有线通信单元是地震前兆台网中心的核心设备之一，用于实现台网中心对前兆台站的数据收集、台站设备的控制和管理等功能。为配合台网中心有线通信单元实现地震前兆台网中心的各项功能，还需配备 RS-232C 多路转换卡、GPS 接收机、天线及天线保护盒，以及地震前兆通信控制软件，地震前兆数据管理服务软件及相应的连接电缆。系统构成框图如图 3.11 所示。

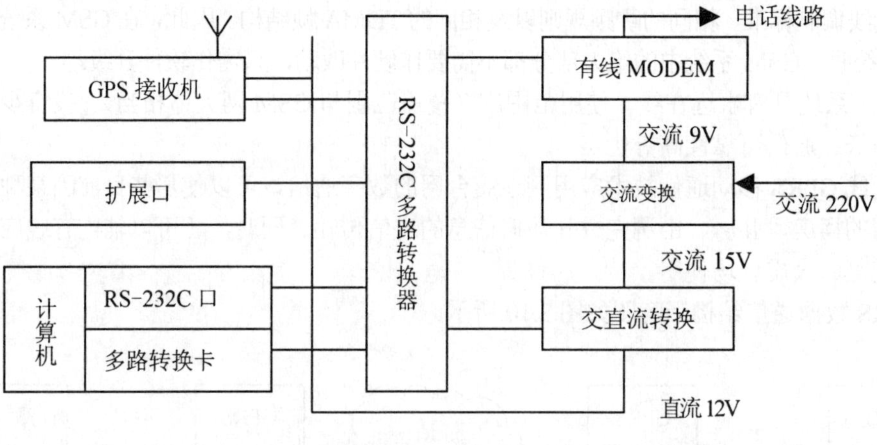

图 3.11 TYZ 型地震前兆台网中心有线通信单元原理框图

当计算机执行“地震前兆通信控制软件”，通过多路转换卡切换 RS-232C 多路转换器，使分别接通 GPS 接收机，接收标准时间信号，为台站数据采集设备和微机的系统时钟对时；接通有线 MODEM，实现台网中心对前兆台站进行收集前兆数据、数据传输、修改数据采集设备的系统参数及其他台站管理功能。

市电 220V 通过交流变换器获得两路低压，一路为交流 9V 供给有线 MODEM 使用，另一路为交流 15V，通过交直流转换成 12V 直流电源供给 GPS 接收机及多路转换器等使用。

3.2.6.2 TY-1 型地震前兆主台有线通信单元

(1) 主要功能。

TY-1 型地震前兆主台有线通信单元是“DQS-1 型地震前兆台站数字化设备-基本连接模式主台”和“DQS-2 型地震前兆台站数字化设备-单纯主台”机柜的组成部分。它适用于以下几种情况：

① 前兆仪器和数字化设备在一栋房子里；

② 数字化仪器位于山洞口的房子里，传感器信号不经过室外架空线与前兆数据采集器相连（距离<100m）；

③ 前兆台站内无前兆仪器，而子台距离主台较远（几公里以上），需要通过超短波或有线信道与子台通信；

实现如下功能：

① 本站微机通过现场总线收集台站数据采集器的数据（含智能设计的前兆仪器，下同）；监控数据采集器的系统参数；接收 GPS 接收机的时间信号，为数据采集器和微机的系统时钟对时。

② 在台站无人职守的情况下，台网中心微机通过程控电话线与台站数采通信，完成与台站微机相同的功能。

③ 在双方有人职守的情况下，台网中心微机与台站微机进行点对点文件传输。

④ 本站微机通过调制解调器收集子台或其他台站数采的数据。

(2) 工作原理。

TY-1 型地震前兆主台有线通信单元集成了 RS-232C 多路转换器（一转八）、“有线MODEM”、“光隔主侧”、MODEM 电源自动唤醒和自动关机电路等部分，是地震前兆台站进行通信的核心设备，用于实现本站的数据收集、台站设备的控制和管理等功能。为配合台网中心有线通信主单元实现各项功能，还需配备 RS-232C 多路转换卡、GPS 接收机、天线及天线保护盒，以及地震前兆通信控制软件，地震前兆数据管理服务软件及相应的连接电缆。系统构成框图如图 3.12 所示。

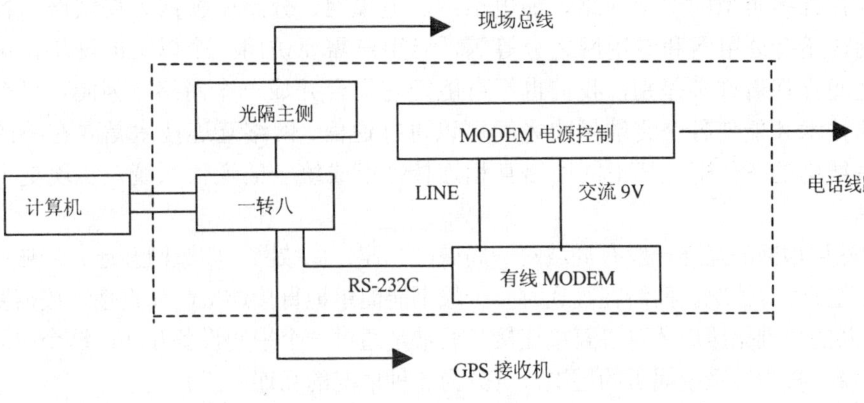

图 3.12　TY-1 型地震前兆主台有线通信单元原理框图

3.2.6.3　TY-2 型地震前兆子台有线通信单元

(1) 主要功能。

TY-2 型地震前兆子台有线通信单元是“DQS-4 型地震前兆台站数字化设备—有线子台”和“DQS-4A 型地震前兆台站数字化设备—有线子台”机柜的组成部分。应用于有线信道的无人值守子台；或有人值守，但不作现场数字化处理的台站；远离台站的山洞、井房以及有智能化前兆仪器和现场总线的台站。前兆数据依靠程控直拨电话传输至主台或前兆台网中心。

(2) 工作原理。

由于不在子台现场作数字化处理，“TY-2 型地震前兆子台有线通信单元”不与计算机相连，所以它与“TY-1 型地震前兆主台有线通信单元”的区别在于机箱中不包括 RS-232C 多路转换板（一转八）。其原理框图如图 3.13 所示。

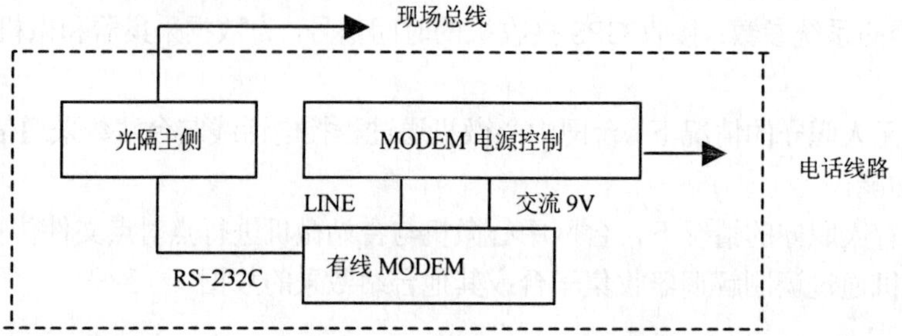

图 3.13 TY-2 型地震前兆子台有线通信单元原理框图

3.3 采用互连网方式的数据通信

3.3.1 网络互连通信的基本概念

目前存在许多类型的通信网络，如电话网、电报网、分组交换网、局域网、各种专用计算机网，还有公用网和专用网之分等等，当用户需要访问一个以上的网络，由于不同的网络之间存在着许多差别，我们也不可能把它们合并成一个网络，因此，只有采用网络互连的技术才能使各个终端用户之间可以进行通信。网络互连技术是要在不改变原来网络体系结构的条件下，把不同网络互相连接，组成统一的通信系统，实现更大范围的资源共享。

地震台站局域网的互连一般有局域网—局域网互连、局域网—广域网互连、局域网—广域网—局域网互连等情况。网络在互连时，一般不能简单地直接连接，如直接连接需要两个网络具有公共的标准化接口才可以直接连接；通常是通过一个中间设备互连，这个中间设备称为中继系统。按中继系统属于的层次，可分为 5 种情况的互连：

(1) 转发器：又称为中继器，在物理层实现互连；

(2) 网桥：又称为桥接器，在数据链路层实现互连；

(3) 路由器：在网络层实现互连；

(4) 桥路器：是网桥和路由器的混合物，兼有网桥和路由器的功能；

(5) 网关：又称为网间连接器或连网机，在传输层及以上层次实现互连。

网络互连使用网络互连设备，遵循网络互连协议才能保证网络的正确连接、互连、互通。网络互连协议随着网络互连的逐步发展形成了一种最著名的国际协议（IP 协议），以 IP 和传输控制协议 TCP 为核心，加上其他一些协议构成了得到国际上广泛应用的一套协议，称为TCP/IP 协议集。

3.3.2 地震台站局域网结构

局域网是在一个小区域范围内对各种数据通信设备提供互连的通信网。地震台站局域网是对该地震台站所管辖范围内的子台、测点、摆房、山洞、井房、磁房里的各种数据通信设备提供互连通信以及与广域网互连的通信网。它和网络运行管理和网络信息管理系统等构成地震台地震信息服务系统节点。

节点网络系统的拓扑结构采用星型结构，使用交换机或交换集线器作为星型的中心。数据链路层采用以太网结构，网络层支持 TCP/IP、IPX/SPX 协议，适于运行 Unix、Window 等各种主流的操作系统的计算机实现网络互连。地震台站局域网内的网络服务器、数据服务器和工作微机均采用标准 5 类双绞线通过 RJ45 以太网接口接入，为了提高各单元数据处理交换速度，以太网采用 10/100M 自适应速率，但服务器和微机等均采用 100M 网卡，使实际运行速率为 100M。

为适应地震台节点直接和区域节点互联的需要，地震台节点信道应因地制宜采用帧中继、DDN 专线、中国分组交换网等，也可通过 VPN 进入本地因特网和区域节点互联。同时，还要建立 FTP、RCP 或 UUCP 文件传输服务器（存放需要传输的数据）、WEB 服务器、数据库或数据文件服务器、消息服务器等。

3.3.3 广域网

广域网（WAN）是通信子网按网络覆盖范围大小划分的三大类（局域网、都市网、广域网）中的一类，通常指网络覆盖的地理范围从数十公里到数千公里，可以连接若干个城市、地区，甚至跨越国界，遍及全球的一种通信网络，又称远程网。广域网最早为了远程资源共享，现在实际上就是远程通信。远程的局域网之间要进行通信，需经过广域网实现互连。广域网可归于专用数据通信网范畴，像公共数据网一样，含有复杂的分组交换系统，是交换通信网。

公用分组网（X.25 网）、数字数据网（DDN）和帧中继是使用较早的广域网技术，性能较好的异步传输模式（ATM）是目前广域网主干技术。采用光缆的 CNGI 主干网速率可达 10Gbit/s。

3.3.4 虚拟专用网

在网络互连领域，虚拟网络是一种正在迅速发展的新兴技术。此种技术的核心是通过路由和交换设备在网络的物理拓扑结构基础上建立一个逻辑的拓扑结构，利用公用网的资源建立用户的专用网，无需另建网络并对网络进行维护，节省投资与减少运行费用。

虚拟专用网络（VPN）是向企业用户提供的一种管理增值服务。用户在建立企业网络的过程中，如果从电信网络服务供应商处租用的某种网络资源达到了一定数量，为了便于有效地管理所租用的资源，可以向电信网络供应服务商申请建立虚拟专用网。电信网络供应服务商将与该用户有关的可分离资源构成一个逻辑网络，并向用户授予对其租用资源的一定管理权限（如监控、业务参数配置、统计等），形式上用户可通过在自己企业设立的 VPN 管理工作站对其管理域内的管理对象自行进行管理权限内的管理操作。事实上用户并不直接控制公网中的网络资源，而是通过网络中的虚拟专用网络管理代理服务器间接实现的。

与公用分组网的 VPN 一样，DDN 网也可以提供 VPN 业务，它利用 DDN 的部分网络资源，在网管中心的授权下，用户通过自己的网络管理站对其租用的 DDN 专线等网络资源建立用户的专用网，这就是虚拟专用网的特点。它既可以保证用户所需安全可靠、灵活调度电路、及时了解电路运行状态等专用网的特性，又可借用公用网的资源，无需另建网络，但需要增加网络管理站所需要的软、硬件设施的费用。

3.4 其他通信方式简介

3.4.1 光纤通信

光纤通信是以光作为信息载体，以光纤作为传输媒介的通信方法。光纤的作用是引导光在光纤内沿直线或弯曲的途径传播。光纤在当今通信网中得到广泛使用，是因为它比双绞线、同轴电缆和无线传输有以下优点：

(1) 传输频带极宽，通信容量很大，采用波分复用（WDM）技术后，光纤传输系统传输速率目前可到 400Gb/s ；

(2) 光纤衰减小，传输距离远，光放大技术的出现，使中继距离可达 200 km；

(3) 光纤抗电磁干扰，不外泄串扰小，不受温度、湿度的影响，保密性好，高可靠性，传输质量高，光纤传输系统的误码率通常低于 10^{-11} ；

(4) 光纤尺寸小，重量轻，便于运输，其建设与维修费用比电缆传输低得多；

(5) 光纤材料来源丰富，耐腐蚀，还可节约大量的有色金属。

但是，光纤弯曲半径不宜过小，光纤的切断和连接操作技术复杂，分路、耦合麻烦。

光纤通信系统除光纤外还包括发送光端机、接收光端机、接头和连接器等。为了长距离传输还需要光中继器，为了与通信系统连接，光收发端机还需要与脉冲编码调制（PCM）复用设备相连接。光纤通信系统结构示意图如图 3.14 所示。

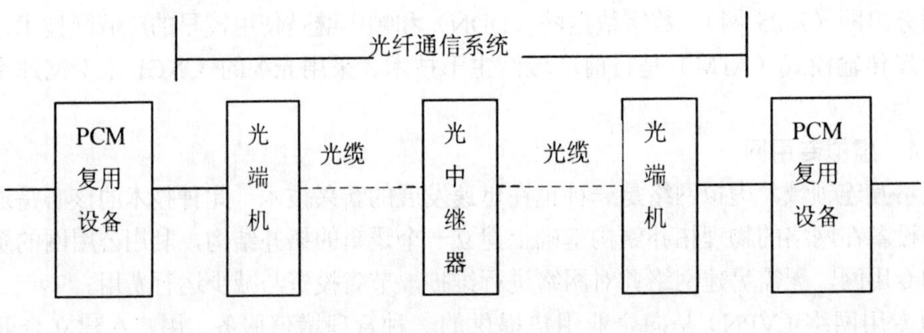

图 3.14 光纤通信系统结构示意图

3.4.2 红外线通信

红外线通信是目前应用最广泛的无线通信技术，几乎红外线接收器已经成为笔记本电脑和手机的标准配备，遥控功能是红外线传输被应用最多的一项功能。红外线传输之所以广泛应用于各类家电用器的控制及信息设备的数据传输上，其最主要原因是用于红外线传输的组件价格便宜，组件的构造简单，不需要高级的控制IC，另外，很多操作系统都支持红外线传输协议，成为促使红外线传输应用普及的一个因素。

红外线传输发射的红外线光束其波长介于850nm～900nm，传输距离较短，属短距离的无线传输，当传输距离在1m以内时，最快的传输速率为16Mbit/s。当使用红外线传输时，两个红外线接口必须正对，而且中间不能有任何阻挡，才会有较好的通信效果。

红外线的通信协议层大致有三层：第一层为红外线应用层，负责建立物理层的数据链路；第二层为红外线管理层，负责管理和分配红外线应用层传上来的数据链路给各项服务与应用程序；第三层为应用编程接口层，负责信息接收、文件传输等。

3.4.3 扩频通信

扩频通信是扩展频谱（SS：Spread Spectrum）的通信，其定义可简述为：扩频通信技术是一种信息传输技术，在发端采用扩频码调制，使信号所占的频带宽度远大于所传信息必须的带宽，在收端采用相同的扩频码进行相关解调来解扩以恢复所传信息数据。这里信号的频谱被展宽了，传输任何信息都需要一定的频带，展宽频带，容量将大幅增加；采用扩频码序列调制的方式来展宽信号频谱，脉冲信号宽度越窄，其频谱就越宽，很窄的扩频码序列起到了扩展信号频谱的作用；扩频通信要在接收端采用与发送端完全相同的扩频码序列对收到的扩频信号进行相关解扩，才能恢复所传送的信息。

扩频通信具有抗干扰能力强、隐蔽性好、方便实现码分多址、抗衰落、抗多径干扰等优点，是军事上电子战中通信反对抗的一种必不可少的主要手段。随着扩频技术的发展，由于扩频技术可以实现码分多址，因此，在数字蜂窝移动通信系统、卫星移动通信、室内无线通信和个人通信中普遍采用扩频技术，因而使扩频通信广泛应用于跟踪、导航、测距、雷达、遥控、移动通信、卫星通信等各个领域。

3.4.4 卫星通信

作为三大通信网之一的卫星通信网，可广泛应用于国际国内通信、广播电视、定位系统等领域。卫星通信是利用星上微波天线来接收地球发送站发出的无线电信号，然后，又将该信号转发回地球接收端，卫星通信传送的信号可以是声音、数据或图像。卫星通信的优点是传输容量巨大、覆盖面宽、代价又低、使用也方便。

提供卫星通信服务的卫星可分为两种：一是地球同步卫星，二是低轨道卫星。目前，主要使用的是地球同步卫星，低轨道卫星正在发展中。地球同步卫星距地面36000km，单向延时约260ms。随着空间技术、电子技术、通信与计算机技术的发展，甚小口径地球站（VSAT：Very Small Aperture Terminal）发展迅速，得到广泛应用。

常用的VSAT系统有：话音VSAT、数据VSAT、广播VSAT、数话兼有的VSAT等，它们使用的频段为C波段及Ku波段，另外，军事系统使用X波段。C波段的主要优点是技术成熟，空间传输稳定，但容易与现有C波段地面微波线路相互干扰，给安装选址带来困难；Ku频段一般不会受微波线路干扰，选址容易，但受雨雾影响衰减较大，必须采取留有足够的链路余量，加强自动电平调节能力等措施加以解决。

卫星通信具有多址性，VSAT的多址接入方式有三种：频分多址（FDMA）、时分多址（TDMA）、码分多址（CDMA）。多址接入方式是建筑在信道复用技术上工作的，目前，频分多址和时分多址正在广泛应用，码分多址随着CDMA技术的不断发展，已在相关领域广泛使用。

VSAT 系统的通信体制大致分三类：单路单载波系统、时分多址系统、单路单载波与多路复用相结合的系统。单路单载波系统适合连续不断的信息和大业务量的传输，而时分多址系统适合间断数据流和小信息量的传输，至于某些 VSAT 站信息量很大而其他站的信息量又较小，从空间段资源的利用率等因素考虑可以选择单路单载波与多路复用相结合的系统。

4　地震台站供电、避雷、接地

地震台站各项监测工作需要一个良好的工作平台，才能获得真实可靠、稳定连续、有用好用的信息资料。供电、避雷、接地是这个平台的基础，关乎整个监测工作的好坏、直接影响产出的信息资料。有资料表明，地震监测台网因供电避雷系统故障引起的断记录时间占总断记录时间的30%～50%，因此认真解决好供电、避雷、接地各环节中的技术问题，对保证地震台站正常运行具有非常重要的意义。

4.1　地震台站供电技术

4.1.1　地震台站供电的基本要求

电源和供电技术是国计民生不可缺少的，发展历史悠久，更新换代产品层出不穷、五花八门。地震台站的各种电子产品、电器设备和大大小小的监测系统都离不开电源。时代在变，需求在变。随着产业革命，高科技的应用，电源和供电技术正向着“净化+节能+稳压范围宽+安全可靠+智能”的趋势发展。在交流供电条件差和特殊需要的场合，直流供电应用也很广泛。由于社会的发展使能源消耗急剧增长，人类为了生存，千方百计寻找有用的新能源，巨大的太阳能因其清洁无污染、无噪声等特点引起人们的重视。在无交流电的地区、条件恶劣、无人值守的场合，采用太阳能供电是优选方案。

我国地震台站近二十年来无论监测环境、仪器设备都有较大的发展，供电、避雷、接地情况也有了变化，但是仍存在不少问题，普遍存在电压波动较大、停电频繁、部分停电时间较长、电源质量欠佳、防雷措施差等问题。而且不同类型的地震台站有其不同的特点，对供电、避雷、接地的需求也不一样。市场现有的供电设备和技术，品种繁多，各有自己的特点，但仍不能满足地震台站的特殊需要，尤其不能满足经数字化、综合化、自动化技术改造的地震监测台网的需要。因此，在认真调研市场电源设备和技术、合理选配和设计系统的同时，必须研究和研制适合我国情况以及现有台站需要的供电技术、电源及避雷设备。

4.1.1.1　交流市电

交流市电仍是地震台站目前的主要供电方式。地震台站对交流电源的主要要求是：稳定不断电，避免雷电感应危害，减少电网污染影响。为了保证交流供电质量，应配备交流稳压器、长延时 UPS、相应的避雷装置。由于交流稳压器、UPS、避雷装置等产品的品种繁多，在选用时应根据地震台站的实际需要并留有一定余量进行配备。设备的技术指标可参考如下要求。

(1) 交流稳压器主要技术要求：

① 输入电压：220V±25%；

② 输入电压频率：50Hz±5%；
③ 输出电压：220V±1%；
④ 输出电压频率：50Hz±1%；
⑤ 输出电压波形失真：<3%，无尖峰干扰产生；
⑥ 功率系列：0.5 kV・A 、1 kV・A 、3 kV・A、5 kV・A；
⑦ 过载能力：可在110%负载下连续工作；
⑧ 噪音：<55dB；
⑨ 效率：>0.85；
⑩ 平均无故障时间：>100000 小时，同时还要考虑可用性指标；
⑪ 共模干扰抑制：≥120dB；
⑫ 常模干扰抑制：≥110～50dB；
⑬ 抗尖峰干扰能力：>100∶1；
⑭ 有相应的避雷装置。

(2) UPS 主要技术要求：
① 输入电压：220V±25%；
② 输入电压频率：50Hz±5%；
③ 输出电压：220V±1%；
④ 输出电压频率：50Hz±1%；
⑤ 输出电压波形失真：<3%，无尖峰干扰产生；
⑥ 短波通信设备、微机及外设的后备时间：>30 min；
⑦ 地震监测设备后备时间：>24 h；
⑧ 功率系列：0.5 k・VA、1 k・VA、3 k・VA、5 k・VA；
⑨ 过载能力：可在110%负载下连续工作；
⑩ 噪音：<55dB；
⑪ 转换时间：对非在线式 UPS 需考虑转换时间，应在 ms 级以内；
⑫ 效率：>0.8
⑬ 平均无故障时间：>10000 小时，同时还要考虑可用性指标；
⑭ 为减少对电网的污染，应具有输入功率因数校正；
⑮ 有相应的避雷装置；
⑯ 具有通信监控和故障报警功能。

4.1.1.2 *直流电源*

直流电源是地震台站优选的供电电源。直流电源主要用来提供地震监测仪器、数据采集器、超短波及有线通信等设备的供电，其主要要求是：稳压连续、自动充电、自动切换、较高的效率。直流电源可分为直流线性电源和开关电源。直流线性电源的主要优点是稳定性好，但效率低；开关电源的主要优点效率高，但稳定性（包括纹波等指标）不如线性电源。在远离电网的地区、条件恶劣、无人值守的子台、观测点，可采用太阳能供电。直流电源的选用应根据实际需求而定，设备的技术指标可参考如下要求。

(1) 线性型直流电源主要技术要求：
① 稳压连续输出 12V±5%；

② 配有蓄电瓶，可交、直流输入自动切换，并有自动充电装置；

③ 具有自动保护和报警功能，同时具有电压检测、指示、过压控制、限流输出功能；

④ 输出电流系列：1 A、2 A、3 A、5A。

(2) 开关型直流电源主要技术要求：

① 稳压连续输出 12V±5%；

② 配有蓄电瓶，可交、直流输入自动切换，并有自动充电装置；

③ 具有自动保护和报警功能，同时具有电压检测、指示、过压控制、限流输出功能；

④ 效率大于 80%；

⑤ 输出电流系列：1 A、2 A、3 A、5A。

(3) 太阳能电源主要技术要求：

① 输出电压 12 V；

② 输出功率 5 W、20 W 及其组合；

③ 自耗电小、具有过压、欠压、自动充电，防反充隔离保护。

4.1.2 净化、稳压、安全可靠的交流供电技术和供电系统

随着数字化技术的飞速发展，超大规模集成电路的广泛应用，直流供电电压更低了，各种仪器设备对可能出现的浪涌和脉冲干扰更为敏感。国外一些机构提供的电源事故统计的分类数据表明尖峰电压占 39.5%、波形下陷占 49%、欠压或过压占 11%、断电占 0.5%。我国的电源事故情况更严重，我国台站停电频繁，少到 3～5 天，多则十几天；电压波动大，低到 140～150V，高到 260～270V；遥测台网因供电系统故障引起的断记录时间占总断记录时间的 30%～50%。因此供电系统的可靠、稳定、连续是至关重要的。通过研究分析，可靠性、稳定性可通过参数稳压电源或净化稳压电源的技术设计来解决；交流供电连续性拟采用大功率 UPS 和 UPS 扩容技术解决。

目前市售的交流电源稳压器按主电路结构和稳压原理为依据进行分类有参数稳压（调整）式、自动调压式、开关式、大功率补偿式、一般净化式、微电脑控制补偿式等多种类型。从稳压范围、电源频率适应性、抑制突波干扰和电磁干扰及杂波的能力、反应时间、效率、自动旁路保护功能、配接发电机、干扰源等主要技术指标看，微电脑控制补偿式的净化电源较优，但价格较高，而参数稳压式具有宽输入范围、过载能力强等突出优点，更适合我国的地震台站使用。

市售的 UPS 品牌和种类繁多，有在线式、后备式、长延时（又分在线式和后备式）、智能型（也分在线式和后备式），如果以主电路结构、后备时间、输入/输出方式、输出波形和输出容量来分类有助于选用和配置。按电路主结构分类，可分为后备式 UPS、在线式 USP、双逆变电压补偿在线式 UPS（Delta 技术）、在线互动式 UPS；按后备时间分类，可分为标准机、长效机（外接蓄电池组）；按输入/输出方式分类，可分为单相输入/单相输出 UPS、三相输入/单相输出 UPS 和三相输入/三相输出 UPS；按输出波形分类，可分为正弦波输出 UPS 和方波输出 UPS；按输出容量分类，可分为微型 UPS（输出动率小于或等于 1k·VA）、小型 UPS（输出功率大于 1k·VA 而小于或等于 5k·VA）、中型 UPS（输出功率大于 5k·VA 而小于或等于 30k·VA）、大型 UPS（输出功率大于 30k·VA 而小于或等于 100k·VA）。从地震监测需连续供电等情况考虑宜选用长延时在线式，如能采用智能型长延时在线式的更好。

通过研究分析和试验，推荐设计的交流供电系统的工作框图见图 4.1。

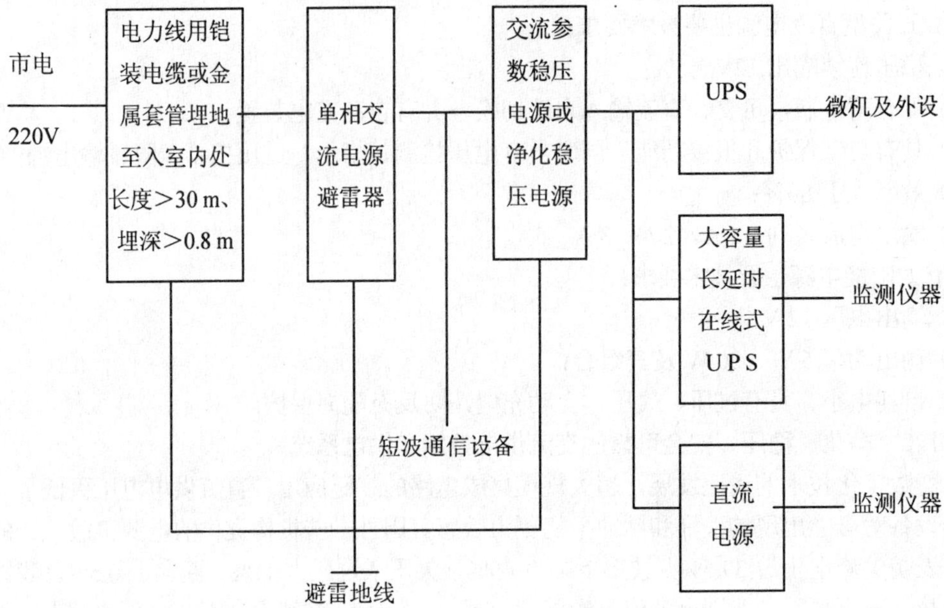

图 4.1　交流供电系统工作框图

其主要技术指标如下：

交流输入电压：220V±25%；

交流输出电压：220V±5%；

输出波形失真：≤3%，无尖峰干扰产生；

尖峰电压抑制：100∶1；

输出功率：0.5 k・VA、1 k・VA、3 k・VA、5 k・VA 等系列。

有相应的避雷装置。

4.1.3　稳压、连续的直流供电技术和供电系统

地震台站的观测技术系统要求电源能支持连续不间断供电，大功率 UPS 和 UPS 扩容技术可以减少交流停电带来的影响。目前，地震台站观测技术系统中的仪器设备，其内部工作平台一般都是直流供电的或市电通过降压整流变成直流电压工作，因此解决好直流供电系统的连续可靠稳定是保证观测系统连续可靠工作的又一关键问题。

“八五”期间的科技攻关成果采用配电瓶和相应的控制装置组成的直流供电系统在遥测试验台网中取得较好的效果。在此基础上，“九五”期间根据地震台站技术改造和数字化遥测台网的需要，设计研制具有稳定性好、大容量、抗感应雷电和强干扰、自动充电以及有较完善的控制保护功能的电源控制器，较好地解决了市售产品不能满足地震台站的特殊要求，尤其不能满足经数字化、综合化、自动化技术改造的地震监测台网的需要。

通过研究分析和试验，推荐设计的直流供电系统的工作框图见图 4.2。

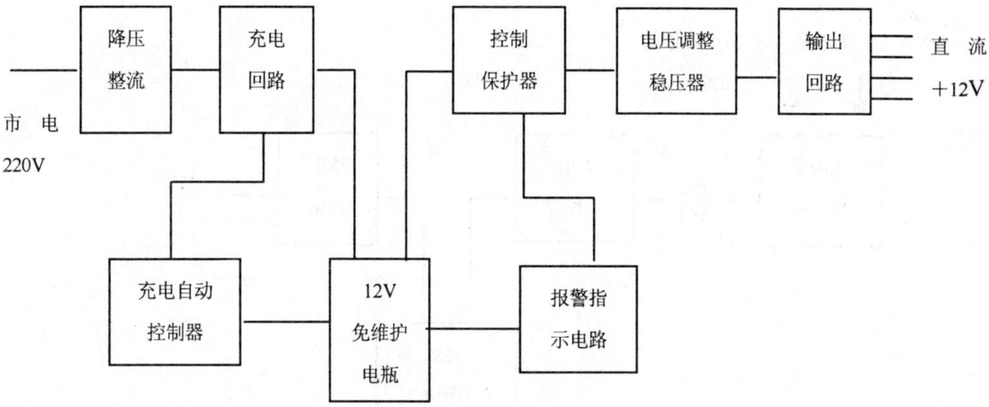

图 4.2　直流供电系统工作框图

其主要技术指标如下：

交流输入电压：154～265 V；

直流输入电压：+10.2～13.8V；

直流输出电压：+12V±5%；

配有蓄电瓶，可交、直流输入自动切换，并有自动充电装置；

多路电压输出，输入与输出之间、多路输出之间相互绝缘；

输出电流：1A、3A、10A 三个系列；

报警及保护功能：过压、欠压、过流指示、报警及保护，自动充电，有限压、限流功能及指示。

4.1.4 清洁、无污染、无噪声的太阳能供电技术和供电系统

能源是人类社会存在与发展的物质基础。人们在物质生活和精神生活不断提高的同时，也越来越感悟到资源日益枯竭，环境不断恶化，人类必须寻求一种新的、清洁、安全、可靠的可持续发展的能源系统。太阳能就是其中之一。太阳能具有资源丰富、取之不尽、用之不竭、处处可开发应用、不会污染环境和破坏生态平衡等特点。而且，我国是太阳能资源十分丰富的国家之一，2/3 的地区年辐射总量大于 5020MJ/m^2、年日照时数在 2200 小时以上。尤其是大西北，太阳能的开发利用具有巨大的潜力。在无交流电的地区、条件恶劣、无人值守的场合，采用太阳能供电是一种较好的方案。

设计研制配单晶硅太阳能电池板和免维护电瓶以及控制电路构成无交流电的无人值守台站使用的太阳能供电装置是非常必要的。

通过研究分析和试验，推荐设计的太阳能供电系统的工作框图见图 4.3。

其主要技术指标如下：

输出电压：12V；

输出功率：5W、20W 两个系列；

自耗电：＜10mA；

具有过压、欠压、自动充电，防反充电隔离保护。

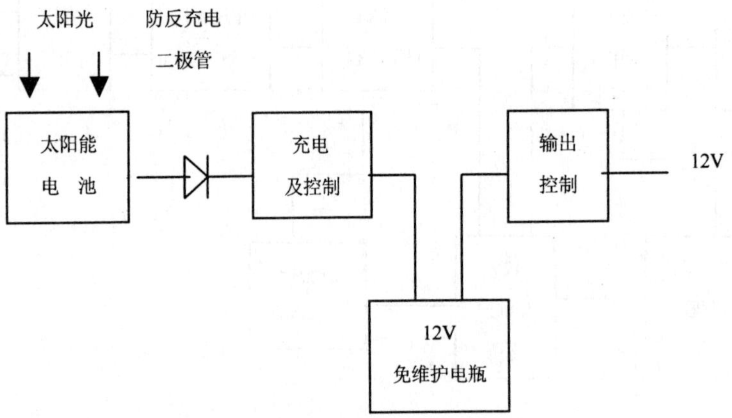

图 4.3　太阳能供电系统工作框图

4.1.5　UPS 的实际运用技术

地震台站使用的交流 220V 电源要求稳定可靠、分秒不停。高性能的大功率长延时 UPS 设备能够较好地满足使用要求。而采用超隔离设计的大功率长延时 UPS 可使无论是在逆变运行状态还是在市电旁路运行状态下，始终实现输入、输出电气隔离。其突出优点是：从电力线传导来的各种干扰被有效阻断，对此类干扰信号的衰减能力达 120dB 以上；负载零线与大地之间等电位，使接入的设备之间不存在电位差，可有效地消除通常存在的共模干扰，增加设备运行的稳定性和可靠性。

在 UPS 运用时应该注意负载的特性和负荷的大小。一般要求负载特性为纯电阻或电容性，否则，UPS 实际可承受的负载功率将有所下降。UPS 的最大启动负载最好控制在额定输出功率的 80%以内，而实践证明，将其负载控制在额定输出功率的 30%～60%范围以内是最佳工作方式。

UPS 在与交流稳压器连用时，应将交流稳压器作为 UPS 的输入级。对长延时 UPS，为保证蓄电池能得到高效的利用，应选取具有恒流充电特性的改进型充电器。若配用小型柴油发电机时应注意调整 UPS 的交流稳压工作点。在长延时 UPS 系统中应使用正弦波输出的 UPS 作为主机。

如果要求 UPS 本身具有 100%的可靠性，必须有备用机，或采用“双总线输入＋UPS 冗余直接并机供电系统＋双总线输出＋负载自动切换开关”的供电方案，也可采用双变换在线式的 UPS。

蓄电池是 UPS 的心脏，不管 UPS 系统有多么复杂，其性能最终取决于它的蓄电瓶。因此蓄电瓶的容量选择、日常监控管理和维护保养是至关重要的。

蓄电池容量的配置要根据蓄电池实际放电电流和所要求的备用时间来决定，可按下式计算得出：

$$\text{蓄电池容量}(\mathrm{A\cdot h})=\frac{\text{蓄电池实际所需放电电流}(\mathrm{A})}{\text{蓄电池放电速率}(1/\mathrm{h})}$$

蓄电池实际所需放电电流（A）＝0.75 × 蓄电池最大放电电流（A）

蓄电池放电速率（1/h）按照蓄电池生产厂家提供的蓄电池放电特性曲线找出蓄电池提供的放电速率。蓄电池最大放电电流（I_{max}）按下式计算：

$$I_{max}=\frac{P\cos\Phi}{\eta\cdot N\cdot E_{临界}}$$

式中，I_{max}——蓄电池最大放电电流（A）；

P——UPS 额定输出功率（W）；

$\cos\Phi$——UPS 输出功率因素；

η——UPS 逆变效率；

N——蓄电池中的单体蓄电池数；

$E_{临界}$——放电时单体蓄电池的临界放电电压（V）。

蓄电池组安装时应尽量靠近 UPS 主机，注意缩短连接线的长度，加大连接线的截面面积，减小连线的自感量和压降。

4.2 地震台站避雷技术

自然灾害中，雷电引起的灾害算得上最为严重的一种，除本身具有巨大的破坏性外，还因为雷电发生频度高，且年年重复发生。雷电是自然界频繁发生的大气放电现象，地球上平均每秒钟将发生 100 次左右；雷电脉冲功率可达 2 亿 kW；脉冲电流上升很快，持续时间很短，峰值高达数 kA 到 300kA 以上。雷电流强大的冲击机械效应和热效应将使电子设备、元器件遭受严重毁坏。尽管雷电直击电子设备的可能性不大，但是雷击附近大地、建筑物、交流供电线路或空中雷电感应形成的冲击过电压，都有可能通过与之相连的电源线、信号传输线或接地系统，侵入电子设备酿成严重的干扰或事故。掌握避雷技术，做好雷电防护是非常必要的。

4.2.1 雷电对观测技术系统的危害

雷电对观测技术系统的危害是雷电的过电压、过电流入侵观测技术系统，造成电器设备和元器件的损坏，其形式有两种：直接雷和感应雷。

雷电直接击中线路（供电、信号等）并经过电子设备入地的雷击过程称为直击雷；由雷闪电流产生的强大电磁场变化与导体感应出的过电压、过电流形成的雷击称为感应雷。感应雷可由静电感应产生，也可由电磁感应产生，感应雷电压形成的机率很高，对建筑物内的观测技术系统威胁巨大。

入侵观测技术系统的雷电过电压过电流主要有以下三个途径：

(1) 由市电网电源供电线路入侵。

电源从电力线路输入室内前有可能遭受直击雷和感应雷。当直击雷击中高压电力线路，经过变压器耦合到 220/380V 低压，入侵观测技术系统的供电设备；另外低压线路也可能被直击雷击中感应出雷电过电压。在 220/380V 电源线上出现的雷电过电压平均可达 10000V，对观测技术系统可造成毁灭性打击。

(2) 由通信线路入侵。

由通信线路入侵分为三种情况。一是当地面突出物遭直击雷打击时，强雷电压将邻近土壤击穿，雷电流直接入侵到电缆外皮，进而击穿外皮，使高压入侵线路。二是雷云对地面放电时，在线路上感应出上千伏的过电压，击坏与线路相连的电子设备，并通过设备连线侵入到通信线路。这种入侵沿通信线路传播，涉及面广，危害范围大。三是若某一线路被雷电击中时，与其相邻并平行铺设的其他线路会感应出过电压冲击，危害相应的连接设备。

(3) 地电位反击电压通过接地体入侵。

雷电击中避雷针时强大的雷电流经过引下线和接地体泄入大地，在接地体附近产生放射型的电位分布，会在靠近的其他电子设备接地体产生高压地电位反击，入侵电压可高达数万伏。

建筑物的避雷针及引下系统的作用是替代建筑物承受雷击，以保护建筑物的结构安全。在避雷针引入强大的雷电流通过引下线入地时，在附近空间产生强大的电磁场变化，会在相邻的导线（包括电源线和信号线）上感应出雷电过电压，因此建筑物避雷系统不但不能保护观测技术系统，反而经常引入雷电流。

现代观测技术系统中的电子设备应用了大规模集成电路，它们采用亚微米工艺生产，耐压能力和抗电磁干扰的能力很弱，经不起过电压大电流的冲击，十分容易损坏，因此必须建立多方面、多层次的电子设备防雷系统。

4.2.2 地震观测中的防雷技术

雷电破坏作用表现在：强大的电流、炽热的高温、猛烈的冲击波、剧变的电磁场和强烈的电磁辐射等物理效应。

雷电对地震观测技术系统的危害主要有：

(1) 感应雷。即雷电通过电力线、信号线、传输线、天线等感应出很高的电压进入地震观测系统造成设备损坏；

(2) 直接落雷。即雷电直接击中观测系统造成系统设备损坏。

半导体集成技术发展和完善使它应用到几乎所有的地震观测仪器，由于半导体集成电路不能耐受过电压和过电流冲击，因此凡是使用这些器件的仪器设备和由此组成的系统或网络，均受波动较大的电压、强电磁干扰的危害。

据估测，雷电对地震观测技术系统的危害，绝大部分是由感应雷引起的，极少数是由直击雷造成的，直击雷造成的损失仅占百分之几。

感应雷害约70%是由电源进线引入的，其次是从传输线、信号线进入，还有一部分是因为地线未接好而出现的感应高压反击造成。

我国年平均雷电日25天，高的可到100多天，大部分地震台站都受雷电干扰，严重的和比较严重的约占三分之一至四分之一。

做好防雷工作，保证系统正常运行，产出连续、稳定、可靠的数据，减少损失是有重要意义的。

由于雷电问题的复杂性，用有限的经费解决100%有效的防雷效果是困难的。但是，为了把雷害的损失降到最低限度，在前人研究的基础上，吸取国内外的先进技术思路、先进方法手段，采用先进的器件装置，结合我国地震台站的实际情况及经费支持强度，设计一整套地震台站避雷技术方案，做好防雷击工作，是非常有必要的。

根据台站的实际情况，地震观测中的防雷是针对区域防雷、电源进线防雷、通信传输线防雷、传感器引线防雷等四方面的技术结合当地的雷电活动日或雷频闪数来进行研究、设计和实施。

4.2.3 防直接落雷

到目前为止，防直击雷大多采用避雷针（避雷带、避雷线、避雷网）作为接闪器，把雷电流吸引接收下来，然后通过良好的接地装置迅速而安全疏散到大地，从而保护附近其他的建筑物和仪器设备。经过对常规避雷针、放射源避雷系统、半导体少长针消雷器等多种避雷针、消雷器的调研，从避雷（消雷、防雷）的机理和实际应用情况以及性能价格比等诸因素考虑，推荐使用有科学根据的，长期运用中有效的常规避雷方法，只要我们按照正确的办法实施，如注意接地和引下线的安装以及相应的过电压保护措施等，是可以把雷击造成的损失降至最低，达到区域防雷的目的。

常规避雷针（避雷线、避雷带、避雷网），由接闪器、接地引下线和接地装置三部分组成。接地装置部分见本书 4.3。

接闪器是指避雷针（避雷带、避雷网、架空避雷线）的直接接受雷击部分，而接地引下线是指连接接闪器与接地装置的金属体。接闪器和引下线的结构应保证接闪器与大地之间有良好的连接；保证连接线有足够大的截面积，避免雷电流通过时引起熔断，或温度过高而引起火灾；保证连接线路有合理结构，防止避雷装置的高电位对建筑物和设备的反击。根据国内外使用避雷装置的实践经验和有关规范规定，避雷针宜采用圆钢或钢管制成，其直径不应小于下列数值：

针长 1m 以下：	圆钢为ϕ12 mm
	钢管为ϕ22 mm
针长 1～2m：	圆钢为ϕ16 mm
	钢管为ϕ25 mm
烟囱顶上的针：	圆钢为ϕ20 mm
	钢管为ϕ40 mm

避雷带和避雷网宜采用圆钢或扁钢， 圆钢直径不小于 8 mm。扁钢截面不小于 48 mm^2，其厚度不小于 4 mm。避雷架空线宜采用截面不小于 35 mm^2 的镀锌钢绞线。

引下线一般采用圆钢或扁钢，其尺寸不小于下列数值：圆钢直径为ϕ 8mm、扁钢截面为 48mm^2、扁钢厚度为 4mm；所有引下线要镀锌或涂漆，在腐蚀性较强的场所，还应该加大截面或采取其他防腐措施。引下线的固定支撑点， 间隔不得大于 1.5～2m，引下线的敷设应保持一定的松紧度，不能拉得太紧，以免由于热胀冷缩而损坏；引下线的敷设越短越直越好，如确需弯曲，其弯曲处不允许成锐角，并尽量避免成直角，应比较平滑和弧度大一些；引下线应装在人畜不易碰到的隐蔽处，离地面 2m 以下应有良好的保护覆盖物，或穿瓷管、塑料管套住，以免触电危害。

避雷针高度按保护范围确定，一般按保护角 45° 设计。

除非台站在直接落雷区，一般不推荐安装避雷针。常规避雷的原理是吸引（更确切地讲是拦截）下行的雷电通道，并将雷电流经过引下线及接地装置疏散到大地，使避雷针保护范围内的物体免遭直接雷击。从这个意义上讲避雷接闪器被雷击的几率却大大提高，所以就避雷接闪器本身而言，它不但不能避免雷击，相反招来更多的雷击，以它自身多受雷击而使周围免受雷击。因此避雷装置必须足够可靠和有足够小接地电阻的接地装置，否则不但起不到避雷的作用，反而增加雷击的危险。

凡决定安装避雷针的台站，应同时按要求解决感应雷避雷问题，而且避雷针地线距感应雷避雷地线应大于 25 m。

4.2.4 防感应雷

雷电对地震台站的危害更多的是感应雷害，感应雷又叫二次雷，它包括由雷电引起的静电感应和电磁感应。由此感应的高压可以通过电力线、电话线、信号线、天线等金属导线传输到较远的地方，使感应雷害范围扩大，针对感应雷的特点，拟采取如下方案和防雷击措施。

4.2.4.1 由电力线引入的雷电的预防

由于电力线在户外大都是架空明线，雷电感应的高电压极易沿电力线进入台站，造成仪器设备的损坏。由电力线引入的雷电对仪器设备的损坏率约占 70%～80%，因此，防范由电力线引入的雷电危害是地震台站避雷的重点。

预防由电力线引入的雷害的主要技术要点是：

(1) 使用长于 30 m，埋地＞0.8 m 的铠装电力电缆将 220V 电力线引入观测室、仪器房、山洞口等，并做好接地处理。

(2) 电力线入室（洞）前，通过单相交流电源避雷箱后再进入室内，同时避雷箱要有良好的接地。单相交流电源避雷箱是采用多种避雷元件组合进行纵向避雷和横向避雷达到较好的避雷效果。

(3) 使用带避雷措施的强化抗雷击交流参数稳压器，进一步净化电源。

(4) 山洞、仪器观测室、观测井，如果与计算机室（机房）距离较远（＞100m），则应使用两套交流供电系统，如果距离较近，也应通过埋地电缆从稳压器输出端向另一处供电。

4.2.4.2 天线馈线引入的雷电的防护

短波和超短波的天线架设较高，易受雷害危及电台安全，也危及与电台相连的调制解调器、数据采集器、计算机等设备的安全。为避免天线遭直击雷害可按前面防直击雷害安装避雷针。为避免感应雷害，可在天线馈线引至电台处安装天线避雷器，而且要可靠接好避雷地线。

若须架设超短波天线，则须注意：

在通视条件下，超短波数据通信距离可以达到几十公里，是地震台站建立无线遥测子台的首选信道。

超短波天线架设前应进行信道测试，若无专用信道测试设备，可以用电台讲话沟通，在获得良好通话质量的天线位置埋杆架设天线，并调整定向天线的方向，使通信效果最好。天线馈线应越短越好，长于 50m 时馈线损耗太大，会严重影响通信效果。馈线较长时应加以固定。特别是天线插头处，不能摇动，插头最好用高压胶布缠好，以免进水生锈。

馈线入室处，应加接天线避雷器，避雷器地线应就近接避雷地。

天线架设不是越高越好，在能保证通信质量的前提下，天线尽量低。若放在室内就可实现通信，则不要放在室外。

4.2.4.3　电话线的避雷

地处郊区、山区的地震台站，电话线很长，感应雷电机会是很多的。电话线引入的雷电常危害有线调制解调器和与其相连的计算机等其他设备。解决的办法是较长的电话线在入室前几十米即穿上套管埋入地下，入室后加装电话避雷器，同时要可靠接好避雷地线。

4.2.4.4　RS-232C 通信传输线的避雷

计算机与通信设备相连，计算机与数据采集器相连，通信设备与数据采集器相连，一般使用 RS-232C 接口，线路较长时，容易感应雷电及其他干扰信号，造成两端设备发生故障，解决的办法是使用光电隔离器现场总线技术，可获得良好的避雷效果。

4.2.4.5　信号线（含传感器引线）的避雷

原则上应尽量缩短这些引线，使数据采集器与传感器尽可能靠近。如引线较长时，可套套管屏蔽埋地，避免悬空受感应雷害。

4.3　地震台站接地技术

接地是个比较复杂的问题，从避雷的角度讲，把接闪器与大地作良好的电气连接，使雷云对接闪器闪击的电荷尽快地疏散到大地，与大地的异种电荷中和。

接地，过去不少人以为用根导线拧（或焊）在金属水管上或暖气片上，或者焊在钢钎上扎在门外窗下地里就算接地，其实这距离接地技术要求相差很远。接地是避雷技术最重要的环节，不管直击雷、感应雷或其他形式的雷，最终都是把雷电流送入大地，因此，没有合理而良好的接地装置不可能可靠避雷。

4.3.1　地震台站接地的要求

地震前兆台站中有避雷接地、机壳安全接地、交流电源工作接地和直流接地等。接地通常分独立接地和共用接地。独立接地存在各地网之间的高电位差容易击穿仪器设备。共用接地可避免高电位差产生的击穿问题，但必须注意地网要做好，而且还要注意连接的方法。

共用接地以后面临一个多点接地的问题，即公共阻抗耦合效应产生干扰或噪音，由于各种干扰源感应的电流在接地平面流动，各点不可能处于同一电位，就会出现干扰源。如果采用一点接地法把各系统的接地线接到接地母线同一点或同一金属平面上，可使各系统的接地线处于等电位而消除了干扰，但是引线不要过长，以免高频电容耦合效应的干扰。

在一些特殊的台站，如独立的小观测房，山洞口等可采用环形接地、等电位连接、利用基础接地体、法拉第笼（网）等接地连接方法。

接地的一个关键问题是接地系统的施工，必须按照有关规定和要求实施，才能得到预期的效果。接地系统施工完毕必须有测试和验收的环节，接地电阻一般小于 4Ω。此外，接地系统还要定期进行维护和修理。

4.3.2　接地系统的施工

4.3.2.1　接地体埋设的要求

埋设接地体的地点应选择潮湿、土壤电阻率较低的地方，容易满足接地电阻要求，节约金属。避免在烟囱附近，那里干燥，土壤电阻率高；也不要在粪池和有腐蚀性物质的地方，避免接地体被腐蚀。接地体应尽量埋在人们走不到或很少去的地方，避免跨步电压的危害，同时还要注意使接地体与金属物体或电缆之间保持一定距离，如果不够，要用金属连接成电气通路，避免发生击穿。

接地体必须保证结构的可靠性，所有连接部分都应电焊或气焊焊接，不得用锡焊，焊接处不少于 $10cm^2$ 接触面。接地体埋设深度不小于 0.8 m。如果土壤电阻率太高时，应换上电阻率较低的土并捶紧，周围不得填入砖石、焦渣之类的杂物。当土壤电阻率实在太高时，如深层较低可考虑深埋或将土壤进行人工处理，以保证接地电阻在 4 Ω 以下。

4.3.2.2 降低接地电阻的方法

(1) 换土（如粘土、黑土）；

(2) 对土壤进行化学处理（如加入炉渣、木炭、氮肥渣、电石渣、石灰、食盐等），但要根据垂直接地体还是水平接地体挖坑和采取不同的夯实工艺；

(3) 使用长效降阻剂（如稀土长效接地降阻剂）；

(4) 深埋接地体；

(5) 污水引入（无腐蚀性、用钢管钻孔渗入）；

(6) 深井接地（钢管灌泥浆）；

(7) 利用水工建筑物。

其中（1）、（4）为推荐方案。

4.3.2.3 人工接地体材料的选择

埋于土壤中的人工垂直接地体宜采用角钢、钢管或圆钢；人工水平接地体宜采用扁钢或圆钢。圆钢直径不小于 10mm；扁钢截面不小于 $100mm^2$，其厚度不小于 4mm；角钢厚度不小于 4 mm；钢管壁厚不小于 3.5mm。在腐蚀性较强的土壤中，采用热镀锌等防腐蚀措施或加大截面。

接地线应与水平接地体的截面相同。人工垂直接地体的长度宜为 2.5 m；垂直和水平接地体间的距离宜为 5 m。

接地体（电极）埋在地下还应考虑抗腐蚀的问题。

4.3.3 接地体的布局

观测房、山洞口等可采用环形接地、等电位连接，或利用基础接地体、法拉第笼（网）接地连接方法。

4.3.3.1 观测房避雷接地网的布局

在距观测房墙根 1m 外，开挖深 0.8m 沟，环绕一周，埋入 4cm 宽的扁钢，并从墙脚引入观测室。若量得接地电阻≥4Ω，则应在距该接地体以外 5m 处再开挖一圈 0.8m 沟，埋入 4cm 分宽的扁钢，并将两圈扁钢多处搭接（大于 10cm）焊在一起，直到接地电阻＜4Ω为止，示意图见图 4.4。

仪器观测房（山洞口、井房等），距离观测室较远（＞100m），则应仿照观测房作第二个避雷地网。

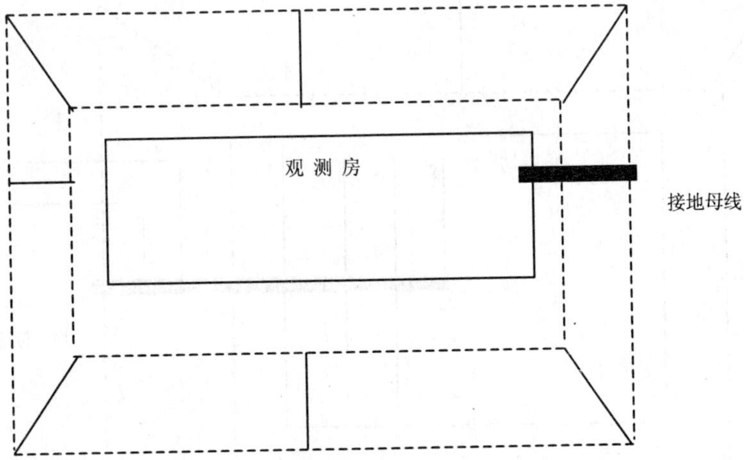

图 4.4　观测房避雷接地网示意图

4.3.3.2　笼形接地网的布局

在观测房避雷接地网的基础上，对观测房顶作适当处理，用Φ8～10 圆钢沿观测房顶四周围一圈，并在适当距离处对接焊成井字形网，然后从房的四角用圆钢（Φ8～10）或扁钢（4cm 宽）下伸与地网搭接（10cm）焊成一体，示意图见图 4.5。

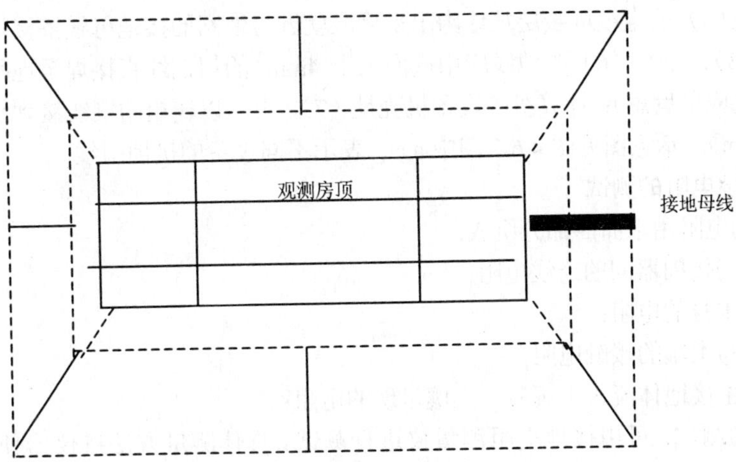

图 4.5　笼形接地网示意图

4.3.3.3　地线连接方法

(1) 220V 交流电源铠装电缆屏蔽层；

(2) 单相交流电源避雷箱地线；

(3) 强化抗雷击交流参数稳压电源避雷地线；

(4) 现场总线电缆屏蔽层；

(5) 电话避雷器地线；

(6) 天线避雷器地线；

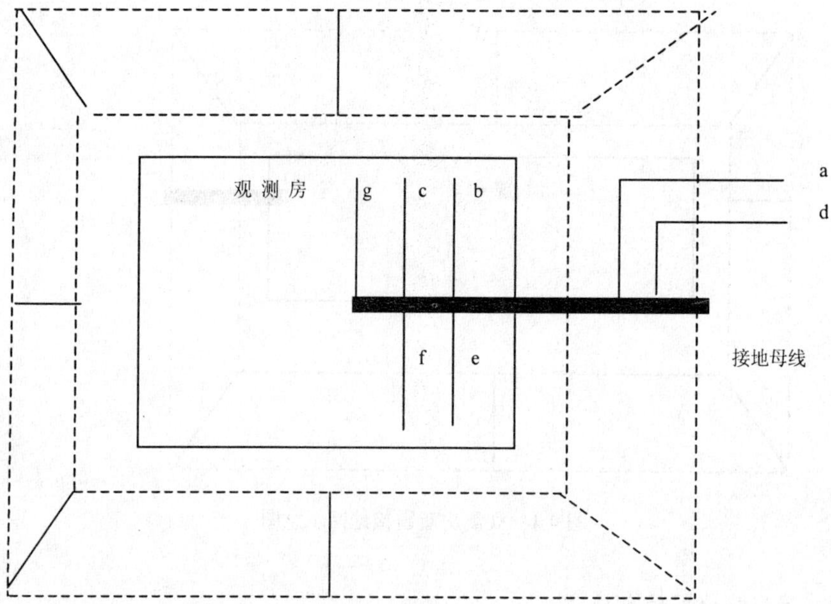

图 4.6　地线连接示意图

(7) 计算机等设备机壳地。

上述（1）、（4）的电缆屏蔽层从地沟出来后应就近与地网的接地母线搭接焊牢（电焊或气焊）；（2）、（3）、（5）、（6）的地线应用截面大于 $4mm^2$ 的粗铜线直接焊至地网的接地母线上（焊牢且长度应尽量短）；计算机等设备机壳地（7），也应以较粗的铜线接到地网的接地母线上（长度<2m），示意图见图 4.6，图中 a～g 表示不同设备的接地引线。

4.3.4　接地电阻的测试

接地装置的电阻由下面四部分组成：

(1) 接地体与接闪器间的连线电阻；

(2) 接地体本身的电阻；

(3) 接地体与土壤的接触电阻；

(4) 当电流由接地体流入土壤后，土壤呈现的电阻；

接地电阻的测试，可用接地电阻测量仪进行测试。具体测量方法按仪器使用说明书进行。

4.3.5　接地装置的维护

为了使避雷装置有可靠的保护作用，不仅要有合理的设计和正确的施工，还要有明确和合理的验收制度和维护修理制度。如果避雷接地装置不符合要求，不仅不能起到避雷保护作用，甚至会带来更大的危害。所以在设计时就应考虑并把这部分内容列进去，以便施工完后进行验收和日后维护修理有所依据。

4.4 供电及避雷系统设备

数字化、综合化、遥测的地震观测技术系统需要高可靠的供电系统作保证。目前地震台站供电情况仍普遍存在电压波动较大、停电频繁、部分停电时间较长等问题，远不能满足观测系统长期连续工作所需要的可靠、稳定、连续供电的要求。而且大多数台站地处野外较恶劣的环境中，常常遭受雷电的袭击和干扰。

DK-2A 系列电源控制器、ZH-1 型单相交流电源避雷箱、ZHDL-1 型电话防雷器和经精心设计的交流供电系统及地线提供了一套可靠性高、稳定性好、能连续工作、具有防雷能力的实用的供电及避雷系统。系统构成框图见图 4.7。

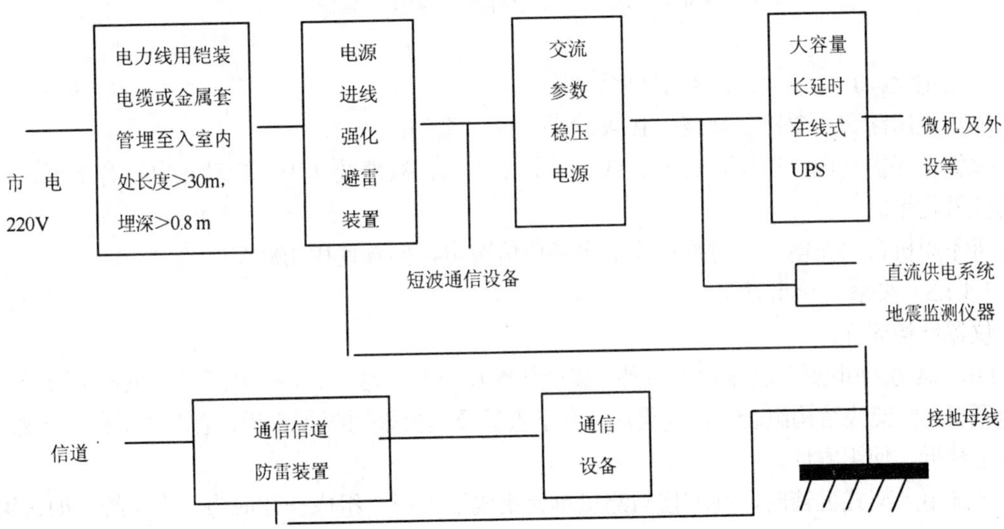

图 4.7 数字化地震台站供电系统构成框图

4.4.1 DK-2A 系列电源控制器

4.4.1.1 工作原理及框图

DK-2A 系列电源控制器是采用免维护电瓶和相应的控制装置构成具有稳定性好、大容量、抗感应雷电和强干扰以及有较完善的控制保护功能的直流供电系统。DK-2A 系列电源控制器工作框图见图 4.8。

市电经过变压器降压整流后，通过具有自动控制充电电压和充电电流的充电回路对 12V 免维护电瓶充电。在有多种保护功能的控制器控制下，电瓶电压经过电压调整稳压器后得到满足指标要求的输出电压，通过具有输入输出和路间隔离的输出电路输出。当中各种控制保护功能均由报警指示电路发出声、光指示。

4.4.1.2 主要技术指标及功能

交流输入电压：154～253 V；

直流输出电压：+12V±5%；

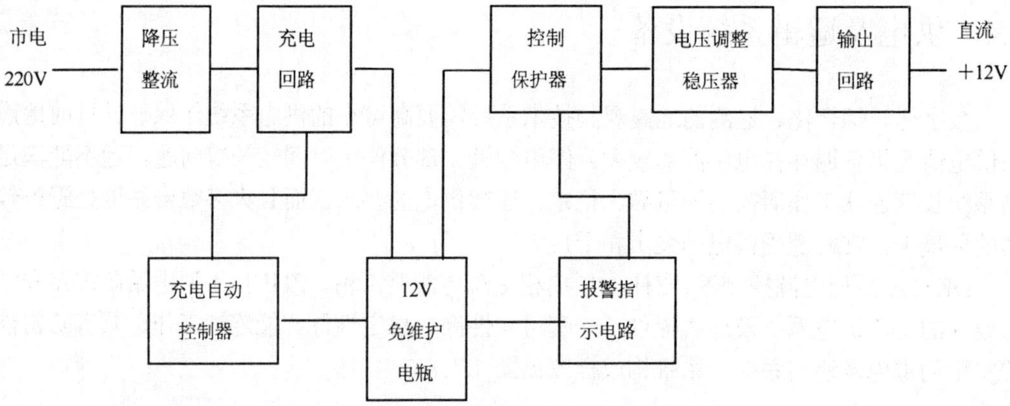

图 4.8　DK-2A 系列电源控制器工作框图

输出电流：1 A、3 A、10 A 三个系列；

输出电压路数：单路、双路（10 A 除外）两个系列；

报警及保护功能：过压、过流、低压、欠压指示、报警及保护；自动充电，有限压、限流功能及指示。

可不脱机自动充电，安时数视交流电停电情况定，推荐使用 100 Ah。

4.4.1.3　安装、使用说明

仪器结构简介：

DK-2A 系列电源控制器除电瓶外，其余部件及控制电路均装在一机箱内。机箱采用轻铝合金型材、框架式结构组合，轻便灵活，上下盖板及侧板采用喷塑铁板，有利于散热和屏蔽，且便于装拆，使用方便。

当选用上架式机箱时，则方便与测量单元集成于机柜，组成一体成为一个系统。如选用台式机箱（尺寸与上架机箱同、仅手柄有差别，可以互换）则可单独作为一台电源使用，可以方便移动，随意放置。

仪器与外部连接是通过带固定插头座的电缆在后面板对接的，见图 4.9 所示。

正视后面板，其左上方为交流电源开关，左下方为交流电源进线插座，中部有两个大功率管借助后面板散热，与后面板是绝缘的。右上方为两个（单路为一个）+12V 电压输出插座，两路输出是隔离的，输出插座 1 脚为正（输出电缆线为红色），2 脚为负（输出电缆线为蓝色或黑色）。右下方为 12V 免维护电瓶输入插座，左边为正（输入电缆为红色），右边为负（输入电缆为蓝色或黑色），注意极性，千万不可接反，以免损坏仪器设备。

仪器工作状态和各种控制保护功能的显示以及声、光报警指示均安放在前面板，见图 4.10 所示。

正视前面板，其左上方为直流电压表，指示输出直流电压值，左下方为扭子开关，选择电压表指示输出 1 或输出 2 的直流电压值。中部为五个发光管作仪器工作状态指示，从左至右依次为交流正常指示（绿色）、直流正常指示（绿色）、过压过流指示（红色）、充电回路 1 工作指示（黄色）、充电回路 2 工作指示（黄色）。右上方为喇叭，当低压、欠压、过压、过流时将发出相应的报警声。右下方为复位开关，当过流时（故障排除后）或因某种原因造成仪器无输出，可按此复位开关，使仪器恢复正常工作，一般可不按此复位开关，故障排除后，仪器自身经过十余秒钟，会自动恢复正常工作。

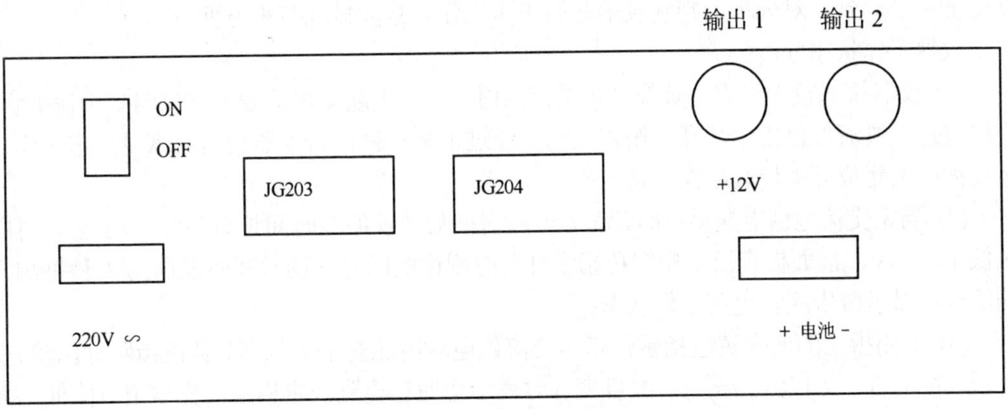

图 4.9 DK-2A 系列电源控制器后面板示意图

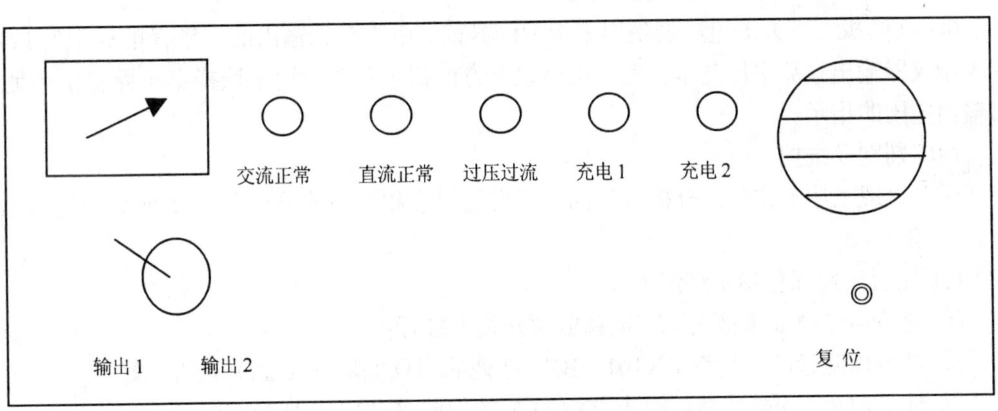

图 4.10 DK-2A 系列电源控制器前面板示意图

安装、使用：

DK-2A 系列电源控制器安装、使用非常方便。安装前检查电瓶和交流电源是否正常，特别是要检查电瓶极性是否接对（电缆红线接正，兰线或黑线接负），切记不可接反，同时，交流电源开关处于关状态。然后将交流电源连接电缆一头插入后面板的 220V∽插座内，另一头接交流市电；将电瓶输入电缆线插头的揳头对准后面板电池插座内的凹槽插入，这时前面板直流工作绿色指示灯亮，电压表将有输出电压指示，表示仪器工作正常，如无交流电（或停电），则可连接负载，开始工作。当有交流电，在接负载之前，打开后面板的交流电源开关，前面板的交流工作绿色指示灯和充电工作的黄色指示灯亮，表示交流供电及对电瓶自动充电正常，可连接负载正常工作。仪器连接负载前，注意负载（各种需+12V 供电的仪器设备）所标电源电压极性，应与本仪器直流电压输出电缆的极性相符（一般 1 脚为正，电缆线为红色，2 脚为负，电缆线为蓝色或黑色），以免损坏仪器设备。

至此仪器安装完毕，开始正常工作。

4.4.1.4　故障判别及维护

DK-2A 系列电源控制器的工作状态和各种控制保护功能的显示以及声、光报警指示均可从前面板了解到，对分析、判别仪器是否正常工作和故障排除带来方便。

仪器工作状态分析：

(1) 仪器接入较大（重）负载（规定范围内）时，因起动电流较大，仪器处于保护状态，同时过压、过流红色指示灯亮，笛声长鸣，经过十余秒钟后，仪器会自动恢复正常工作，或按前面板上复位开关使其尽快正常工作；

(2) 当无交流电由电瓶供电时，工作一段时间后（视停电时间长短和负载轻重），电瓶电压低于 10.8V，前面板直流工作绿色指示灯会有规律的闪亮，同时喇叭发出约 4 秒钟响一声的笛声，以示警告注意电瓶工作状态；

(3) 前面板上的两个黄色指示灯指示交流供电对电瓶充电的状态。黄色指示灯比较亮时，表示较高电压、大电流在充电，亮度变弱时表示电瓶已充到一定程度，充电电压降低，充电电流减小了。当充电 2 的黄色指示灯熄灭，表示电瓶电压较高，充电回路 2 停止工作，而充电回路 1 仍继续以较低电压、小电流对电瓶充电，当充电 1 黄色指示灯微亮或闪烁表示电瓶电压已充足，充电回路在保持涓流充电；

(4) 前面板左上方的电压表是用来指示仪器直流电压有无输出的，当有指示并在 12V 附近表示仪器输出直流电压基本正常，电压表下方的扭子开关可用来选择第 1 路输出还是第 2 路输出电压的指示。

故障判别及维护：

仪器出现上述工作状态分析以外的不正常的显示和声光报警指示为仪器故障或交流电停电。

(1) 交流正常绿色指示灯熄灭：

① 交流电停电或未接交流市电和电源开关未打开；

② 交流保险管断，检查 BX101、BX102 处的两只保险管（2A）是否完好；

③ 辅助电源 I 保险管断，检查 BX103 处的保险管（1A）是否完好；

④ 指示灯或连接线路损坏以及相关电路元件损坏。

(2) 充电指示黄色指示灯熄灭（注意与微亮的区别）：

除①中所列外，辅助电源 II 保险管断，检查 BX104 处的保险管（15A）是否完好。

(3) 无直流电压输出：

① 利用前面板电压表有无指示来判断故障，如有指示则可能 SC601、SC602（双路）两插座以后的连接线有故障。如无指示则应检查 BX601、BX602 的保险管（3A）是否完好；

② 直流输出电压总保险管断，检查 BX401 处的保险管（双路为 15A、单路为 10A）是否完好；

③ 前面板直流正常绿色指示灯熄灭，喇叭长鸣，仪器处于欠压状态（电压低于 10.2V），自动保护，切断输出；

④ 前面板红色指示灯闪亮，喇叭约 4 秒钟响一次，仪器处于过压状态（电压高于 14.2V），自动保护，切断输出；

⑤ 前面板红色指示灯长亮，喇叭长鸣，仪器处于过流状态，自动保护，切断输出。

4.4.2 ZH-1 型交流电源避雷箱

4.4.2.1 工作原理及框图

ZH-1 型单相交流电源避雷箱是专为防止单相交流电源输入线引进的感应雷害而设计的，它吸收了市售产品的优点，结合台站的实际，采用多种避雷元件，精心设计，综合运用其良好的特性，多级防护，具有响应快、寿命长、特性好，有工作状态指示和熔丝保护等特点。其工作框图见图 4.11 所示。

当感应雷电波到来时，在间隙处击穿，使间隙的空气电离，形成短路，雷电流通过间隙流入大地，而这时间隙两端的电压却很低，从而达到减低感应雷电压的目的。

避雷组件采取在相线与避雷地线之间和相线之间两种方式连接。当感应雷高压落在线上时，连接在相线与避雷地线之间的避雷组件将通过避雷地线泄放，从而实现纵向避雷；当两线之间存在高压时，接在两线间的避雷组件将动作，因而实现横向避雷，具有较好的避雷效果。同时避雷箱是采取串入电网的连接方式，即市电经过本避雷箱后再供给台站的仪器设备使用，一般的感应雷电经过避雷箱后将受到抑制而保护了后面的仪器设备，如果较大的感应雷电，超过避雷箱所能承受的范围，避雷箱中的元件将损坏，尽可能保全后面的设备，减少雷害的损失，使大部分从电源输入线引入的感应雷害得到防范。

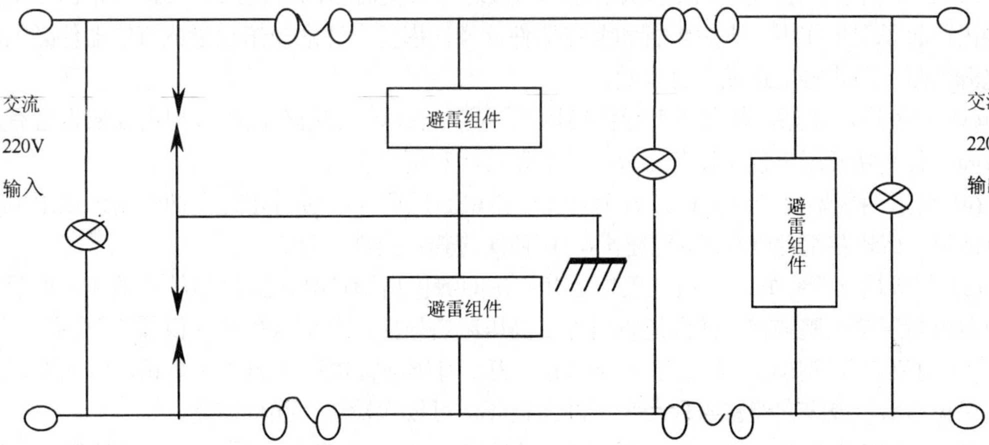

图 4.11 ZH-1 型单相交流电源避雷箱工作框图

4.4.2.2 主要技术指标及功能

额定电压：单相交流 220 V；

通流量：8/20μs 时 10 kA（玻璃放电管 3kA）；

能承受国标 GB3482－3483－83 规定的 4/30μs 雷击波形、4kV 的雷电压冲击。

有工作状态指示。

4.4.2.3 安装、使用说明

ZH-1 型单相交流电源避雷器安装在 220V 交流电网上，一般放置在电源室或机房进线网上，以保护台站的仪器设备。

安装要求:

(1) 避雷箱尽可能安装在接近被保护的设备处，利用箱体上的四个安装孔，将避雷箱挂在附近的墙壁上，高度以方便开箱更换避雷元件和熔丝管以及观察工作状态指示为宜。

(2) 避雷箱应配有良好的避雷安全地线。接地电阻＜4Ω，接地馈线＞$4mm^2$，与接地体采用焊接，搭接长度＞10 cm。

使用说明:

(1) 220V 交流输入线从避雷箱顶部的穿线孔进入箱内接在 220V 的两个输入端上。

(2) 避雷安全地线从避雷箱底部穿线孔进入箱内接在避雷地线端上。

(3) 220V 交流输出线从避雷箱底部的穿线孔引出与电源接线盒或接线板相连，即可供给各种仪器设备使用。

(4) 箱体正面有三个指示灯，左边红色的指示灯指示外电源，中间和右边的绿色指示灯指示避雷组件是否正常及电源输出，通过观察指示灯可了解电源及避雷箱的工作状态，以便维护管理。

4.4.2.4 故障判别及维护

(1) 三个指示灯都亮表示电源供电和避雷箱工作状态正常。

(2) 三个指示灯都不亮，表示供电电源未接通，查交流电网外线路，或避雷箱已经受雷电袭击，起了保护作用，查熔丝管和避雷器件，换件恢复。注意换熔丝管或避雷器件必须将外电源切断，防止触电造成人身事故。

(3) 红色指示灯亮，其余两个绿色指示灯不亮，表示避雷箱有故障或用电仪器设备有短路故障。首先断开用电仪器设备，分别检查避雷箱和用电负载。

(4) 前后两级熔丝管都损坏，表示有感应雷电高压窜入，避雷箱起保护作用，或用电负载有故障，或避雷组件受高压冲击损坏，可依次检查，换件恢复。

(5) 前级熔丝管完好，左边红色指示灯和中间绿色指示灯亮，后级熔丝管损坏，表示有感应雷电高压窜入避雷箱，横向避雷组件受高压冲击损坏，可依次检查，换件恢复。

(6) 前级熔丝管损坏，后级熔丝管完好，表示有感应雷电高压窜入避雷箱，纵向避雷组件起保护作用，或纵向避雷组件受高压冲击损坏，可依次检查，换件恢复。

(7) 避雷组件可用避雷元件测试仪检测其好坏，如无测试仪可用万表高阻档粗测其好坏。

4.4.3 ZHDL-1 型电话防雷器

4.4.3.1 工作原理及框图

ZHDL-1 型电话防雷器是为防止电话线引入的感应雷害而设计的，它根据有线信道的特性和目前台站的实际情况，采取多级防护的办法，选用具有响应快、寿命长、特性好的防雷器件构成，其工作框图见图 4.12 所示。

当感应雷电波落在电话线上时，连接在电话线与地之间的防雷组件将通过防雷地线泄放，实现纵向防雷；当电话线之间存在高压时，接在两线间的防雷组件将动作，实现横向防雷；同时当雷电波高压落下时，防雷模块将切断负载，保全其后的电话机、调制解调器等仪器设备，达到防范大部分从电话线感应进来的雷害目的。

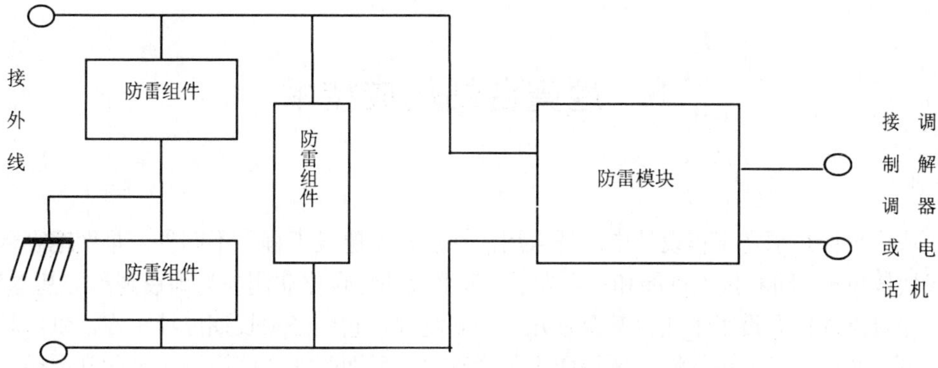

图 4.12　ZHDL-1 型电话防雷器工作框图

4.4.3.2　主要技术指标及功能

额定电压：不低于 130 V；

额定电流：不高于 0.2 A；

耐连续雷击电压强度：10kV；

有过压、过流、过热切断保护功能。

4.4.3.3　安装使用说明

ZHDL-1 型电话防雷器安装在电话线路上，一般放置在机房电话进线离避雷器地线较近的地方，以保护台站的电话机、调制解调器等仪器设备。

安装使用时，将防雷器取代电话接线盒，并按标示的接法串接在电话线上，可用小改锥将标有接电话线的接线端上端的黄色滑块向里轻推，随即将一根电话线裸露的铜线部分伸入小孔内，松开改锥，电话线被夹固在接线端上，用手轻拉电话线，看是否接牢固，重复上述操作将另一根电话线夹固在接线端上。

然后将电话机或调制解调器等有线通信设备输入线接在防雷器标有接电话机的接线端或插座内，根据通信设备的输入线而定。如带有标准的 RJ11 插头的可直接插入左边的 RJ11 插座内，若不带标准插头的可按上述安装电话线的办法，接在接线端上。

电话防雷器应配有良好的避雷安全地线。接地电阻＜4Ω，接地馈线＞4mm^2，与接地体采用焊接，搭接长度＞10cm。

4.4.3.4　故障判别及维护

当不能打电话或进行其他通信而怀疑防雷器有故障时，可取下防雷器，将两侧连线接在一起，如能正常打电话和进行其他通信，则防雷器有故障，可打开盒盖检查换件恢复。

防雷器件可用避雷元件测试仪检测其好坏，如无测试仪也可用万用表高阻档粗测其好坏。

5 地震台站集成技术

集成化设计思想在工程设计中广泛采用，地震台站建设工程也不例外。早期地震台站观测手段比较单一，随着技术进展和社会发展，多手段的综合化观测成为地震观测的基本思路。由于一个台点往往布设了十几台甚至是几十台观测仪，它们必须长期连续工作，供电问题、避雷问题、通信问题及可靠性问题等成为各观测仪器所面临的共同问题，因此开展地震台站的集成化设计就显得十分必要。

实际上早在“九五”期间就引入了地震台站的集成化设计思想，“十五”期间更是采用各种先进设计理念和技术进行系统化设计，使我国地震台站的设计技术，建设规模走在世界首列。

本章概述了“九五”和“十五”期间地震台站集成设计技术思想和具体实施步骤。

5.1 地震台站观测技术系统集成的意义及基本要求

5.1.1 台站集成的意义

地震台站集成的重要意义可以从以下几个方面来理解：

(1) 有利于台站观测向综合化方向发展。

早期台站大多是单一测项，且基本都是人工读数。为了满足地震分析预报的需求，综合化观测成为地震台站观测的重要发展方向。所谓综合化观测就是在同一个观测台站进行多个手段、多个物理量的观测，每种仪器都需要进行数据传输，都需要供电、避雷，一个综合化观测台站至少有 5 套以上仪器在同时工作，进行系统集成可以在很大程度上提高可靠性。

(2) 有利于台站数据的有效获取。

随着电子测量技术的进步，地震及地震前兆观测技术设备有了重大发展，各种被测物理量经过传感器变成电信号，然后通过主机数字化，形成了高度智能化的观测系统。许多工作由过去的人工操作逐步被机器取代，甚至许多不具备人类生存条件的观测点完全由无人值守的全自动观测设备来完成。显然，进行集成设计可以最大程度的减少人工干预，实现有人值守向无人值守的过渡。

(3) 有利于提高系统整体的性能价格比。

综合化观测使得地震台站设备越来越多、系统越来越复杂，如果仅仅只是数量的累积，不仅使得维护管理复杂化、不能有效发挥先进设备的优越性，而且系统成本高，后期维护工作量大，整体性能与单机性能不成比例，性能价格比反而可能下降。

经过国家“九五”、“十五”项目实施的实践证明，地震及前兆台站（网）的集成设计具有明显的优越性：

(1) 突出了整个台网的整体设计思想，可以更好的优化全国观测台网布局，更好的整合台站技术设计、提高台站整体功能和性能；

(2) 高度自动化工作水平，使数字化地震台网能自动运行、自动收数、自动格值转换、自动数据入库、自动分布式数据共享；

(3) 很高的综合化水平，很好地解决了台站多学科综合观测的难题；

(4) 方便了台网的管理、设备互联和维修，便于台网扩容，有较高的可靠性；

(5) 有较高的投入产出比，用较少的投资，完成了较多的地震台站技术改造，并获得较好的整体效益。

5.1.2 集成设计的基本内容和要求

5.1.2.1 集成设计的基本内容

台站（网）集成设计主要体现在三个方面：

一是充分利用公共资源（供电、避雷系统和通信信道等）构建地震观测网络；

二是强化了地震台站的本地局域网功能和监控能力；

三是集成化软件的自主设计开发。

地震观测网络是一个复杂的系统工程，要体现其技术进步必须要充分考虑其特殊性和复杂性。全国专业台站400多个，测点更是过千，这些前兆台站条件各异，测点分布复杂，无法用单一的集成模式解决所有台站的问题，再加上“九五”期间已有相当部分前兆台站进行了数字化改造，使得技术系统设计更具复杂性。

5.1.2.2 集成设计的基本要求

为了实现总体设计目标和功能，地震台站集成系统设计应满足如下一般要求：

(1) 对新建、改建的具备IP结点的地震台站，应尽可能通过网线直接连接到观测仪器，对于观测仪器到台站集线器的距离大于100m的情况，可以考虑使用光纤、无线局域网或现场总线等技术。

(2) 新建、改建的不具备IP结点的观测台站（例如某些子台），可通过有线或无线通信方式实现连网。

(3) 应充分考虑对已有数字化台站的兼容性和台站容量的可扩展性。对已有基于RS-232方式通信的设备应具有良好兼容性，有足够扩展空间。

(4) 强化对地震台站远程监控能力的设计，应从软硬件两个方面着手，实现对仪器自身的监控和台站供电及环境等的监控。

(5) 数据汇集和台站监控软件应支持RJ45、RS-232及现场总线等不同通信连接方式。

(6) 对观测仪器的访问接口协议应支持浏览器访问方式和客户端专用软件访问方式。

5.1.3 集成设计的基本思路

进行地震台站（网）集成设计首先是基于观测仪器的智能化设计和各种公共通信资源的广泛普及，在此基础上按照下述基本思路考虑：

(1) 对全国地震台站进行技术分类，对每种类型台站进行典型设计；然后按照模块化设计思想，依据总体设计将台站技术系统分解为不同功能模块，每种模块形成一个标准功能部件，不同功能部件的组合就形成不同类型台站的系统集成。

(2) 功能部件按装架式机箱进行结构化设计，并按照不同工作模式分别将装架式机箱插入“控制柜”，使每一个相对独立的工作地点有一个柜子，而每个台站有一个控制柜与前兆仪器配合，构成了一个“集成”的数字化地震台站。在结构设计上所有装架式机箱都使用标准机箱。便于在不同模式台站的标准机柜上使用和替换。

(3) 地震观测和前兆观测作为各自的子系统集成，通过台站局域网形成集成化的技术连接，由台站服务器作为台站的共同窗口。台站供电、避雷环节统一设计。

(4) 测震环节采用专线实现实时通信；前兆环节通过 RS-232、RJ45 或者混合方式实现准实时通信。

(5) 各省局台网中心通过专用软件包强化对台站的数据汇集、监控和管理，全国台网中心通过公用互联网或地震专网实现和各省局台网中心的信息交换与共享，实现整个台网的自动化、遥测功能。实现全国范围内数据共享。

地震台站（网）观测系统的集成设计是地震观测技术走向成熟的体现，更是一种技术创新。集成后的数字化设备便于批量生产，便于用户选用和后期维护。

5.2 以 RS-232 接口通信为基础的台站集成技术

5.2.1 对观测仪器的基本要求

以 RS-232 接口技术为基础的台站集成要求仪器本身应满足以下基本点：

(1) 具有 RS-232 串行通信接口（DTE 定义，DB9 或 DB25）；

(2) 接口标准满足地震行业标准：DB/T 12.1－2000（地震前兆观测仪器第一部分：传感器接口与控制）；

(3) 通信协议和数据格式满足地震行业标准：DB/T 12.2－2003（地震前兆观测仪器第二部分：通信与控制）；

(4) 前兆仪器或数据采集器必须有自己的地址号；

此外，为支持前兆台站现场总线工作方式，需要给光隔副侧供电，因此将 DB9 的 1 脚定义为 12V 电源供电端。

5.2.2 前兆台站技术系统构成

由于前兆观测技术系统的复杂性，仪器种类多，测项也多，集成难度较大。因此着重讨论前兆观测技术系统的集成问题。

5.2.2.1 框图组成

地震前兆台站技术系统的集成设计如图 5.1 所示，整个公用技术系统分成数据采集、通信、供电三个单元机箱组装，然后插入机柜。计算机外置，传感器信号接入公用数据采集器，智能化前兆仪器则通过 RS-232 由光隔副侧接入现场总线。

5.2.2.2 结构特点

(1) 地震前兆数据采集器可以采集多达 12 个分量的前兆信号（模拟电压或频率），即可以采集多台前兆仪器的输出信号，有效地解决了电压输出型前兆仪器的数据采集问题；

(2) DK-2 型电源控制器负责为系统提供 12V 连续直流电源，并控制对电瓶充电，交直流自动切换；

(3) 通信单元具有 RS232 接口“一转八”自动切换能力，通过一个信道可以实现对多个端口（GPS、MODEM、光隔主测）的通信连接；

(4) 现场总线具有较强扩展能力，至少可以挂接 16 台前兆仪器或数据采集器；

(5) 台网中心或台站微机可以通过电话拨号、程控点名方式实现对现场总线上任意一台仪器进行数据通信。

(6) 地震前兆通信控制软件和数据服务软件负责汇集仪器数据、控制仪器工作参数和数据处理等。

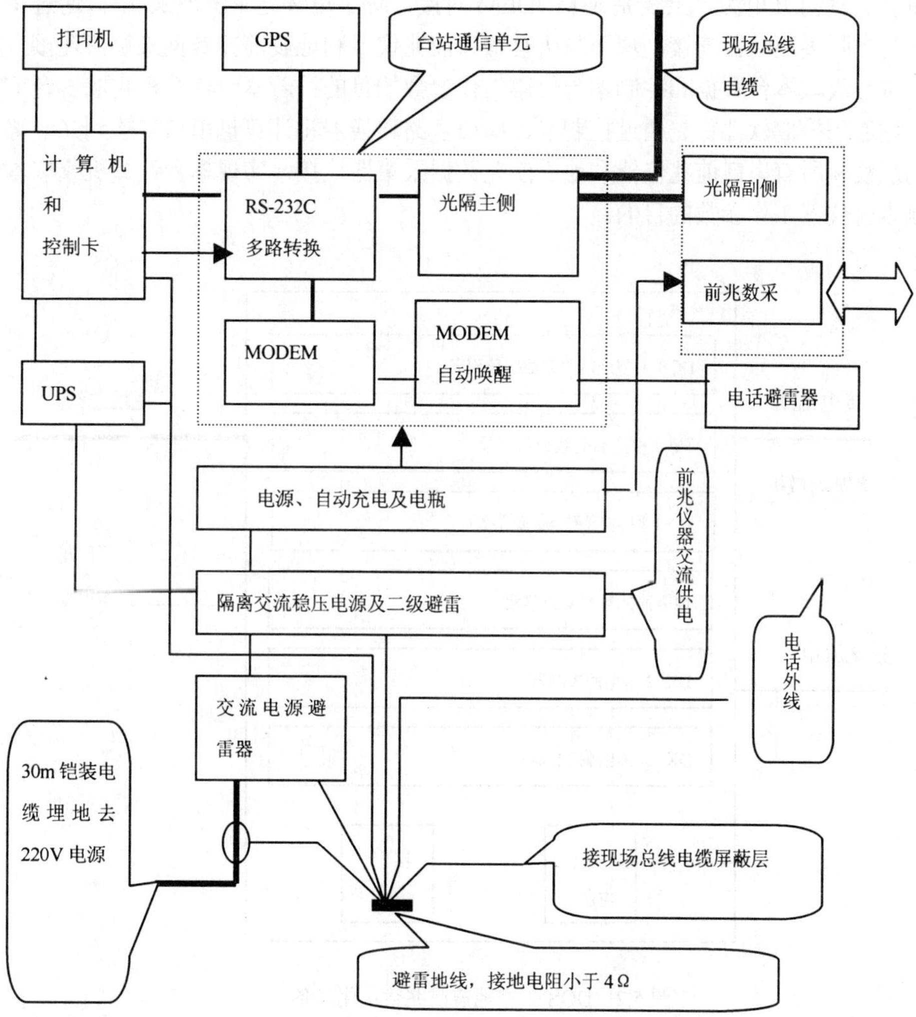

图 5.1　前兆台站技术系统集成结构框图

5.2.2.3　几种基本集成模式

由于地震台站结构比较复杂，要实现对不同类型台站的集成，很难以一种模式覆盖所有台站。下面给出几种典型解决方案。

(1) 主台型结构。

主台型（DQS-1 型）机柜如图 5.2 所示，其主要仪器设备配置及系统连接特点如下：

① 前兆仪器（电压输出型），按分量将传感器输出连接至地震前兆数据采集器的输入端，

信号线长度一般不超过 100m。

② 前兆仪器（串口），每台前兆仪器通过光隔离驱动器副侧接到现场总线，现场总线另一端连接至主台通信单元的光隔离驱动器主侧，现场总线总长度可达 1200m。

③ 主台通信单元采用 TY-1 型，包括串口多路转换器，完成串口设备之间的切换，这些切换是计算机通过控制卡控制完成的；前兆台网中心拨号到本台，MODEM 唤醒电路为 MODEM 自动打开电源、上线完成 MODEM 对接，MODEM 之 RS-232C 串口通过串口多路转换卡与光隔离驱动器连接，从而与所有串口前兆仪器和地震前兆数据采集器连接，实现前兆台网中心收取本台数据和控制本台仪器工作参数的目的；若本台计算机收取本台前兆仪器数据，则通信控制软件首先通过控制卡、串口多路转换器将计算机串口转接到光隔离驱动器与现场总线和所有串口前兆仪器和地震前兆数据采集器连接，实现本台计算机收取本台数据和控制本台仪器工作参数的目的。

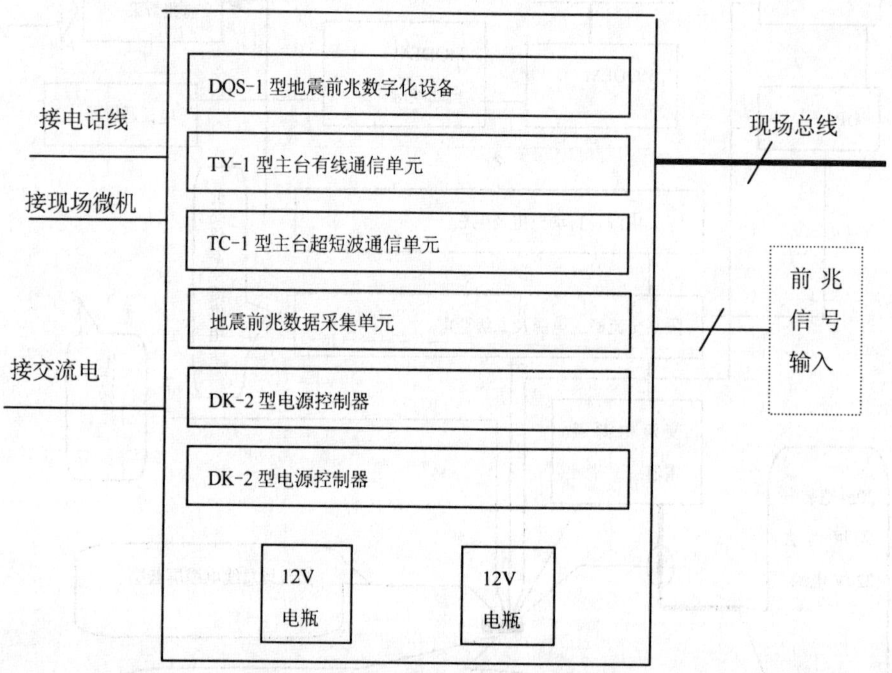

图 5.2 DQS-1 型地震前兆数字化设备
基本连接模式主台机柜结构图

(2) 单纯主台型台站的技术构成。

单纯主台型（DQS-2 型）的主要仪器设备配置与 DQS-1 型比较，除了没有配置公用数据采集器外，其他配置完全相同。

(3) 现场总线型子台。

现场总线型子台（DQS-3 型）不配置通信单元，使用时必须和 DQS-2 或 DQS-1 型机柜协同工作，通过现场总线电缆与 DQS-2 或 DQS-1 型机柜连接，不适合单独使用。该类型适用于前兆仪器集中于距台站有一定距离（大于 100m 而小于 1200m）的山洞、井房，需采用现场总线与主控设备相连接的台站。

(4) 有线无人值守型子台。

有线无人值守型（DQS-4 型）结构与图 5.2 所示相同，设备配置与 DQS-1 型基本一样，但通信单元采用 TY-2 型，即不能接现场微机。

DQS-4 型机柜适用于无人值守，或虽有人值守但不在现场作数字化处理的子台。前兆数据依靠程控电话传输至主台或前兆台网中心。

(5) 无线无人值守型子台。

无线无人值守型子台（DQS-5 型）结构特点与有线无人值守型子台结构类似，只是通信单元不同，不使用拨号电话线通信，而是使用超短波电台实现与主台型前兆台站或单纯主台型前兆台站通信。管理这些无线无人值守型子台的主台型前兆台站或单纯主台型前兆台站还应该在图 5.2 的基础上再增加主台无线通信单元。

5.2.3 主要功能部件

5.2.3.1 前兆公用数据采集器

(1) 主要功能特点。

前兆公用数据采集器使用较多的是 DSC-2 和 DSC-2A 型两种型号，内含 DSC-2 型或 DSC-2A 型数据采集模板一块，光隔副侧模板一块。其中 DSC-2 型有 8 路模拟电压输入通道和 4 路频率量输入通道，采样率最快为 1 次/1 分（最多可 6 路同时设为 1 次/1 分采样率），数据存储 2 天。

DSC-2A 型有 12 路模拟电压输入通道，采样率最快为 1 次/1 分（可 12 路同时设为 1 次/1 分采样率），数据存储 2 天。

如果该台需要采集的模拟信号数目大于 12 路，需采用 2 个数据采集器时，应装 2 个地震前兆数据采集单元。

(2) 前、后面板结构及连接。

数据采集单元的面板结构如图 5.3 所示，其中后面板包括信号输入、电源、串口短路线及现场总线接口。

模拟信号输入采用 5 芯航空插座，其中 1 脚定义为信号高端，2 脚定义为信号低端，其余引脚备用；频率量输入采用 7 芯航空插座，同样 1 脚定义为信号高端，2 脚定义为信号低端，其余引脚备用。

电源采用 12V 直流供电，负载电流最大不超过 400mA，由机柜内的供电单元提供。

串口短路线将数采模板与光隔副侧在外部进行连通，为日后现场特殊提供了方便。

两个现场总线插座一方面通过现场总线电缆与通信单元的光隔主测连接，同时也为进一步扩展提供方便。需要注意的是，由光隔主侧到光隔副侧的总线电缆 2、3 脚是交叉定义，而由光隔副侧到光隔副侧的总线电缆则是直通的。

数采前面板提供的四个指示灯可以为使用者提供有用信息，其中左 1 红色指示灯为数采模板 5V 电源指示；左 2 为状态指示灯，每秒交替闪烁一次表示系统运行状态正常；右侧两个指示灯由光隔副侧引出，当有数据流在现场总线上流过时，该指示灯会给出指示。通过指示灯的实施情况可以大致判断通信状态，或故障范围。

5.2.3.2 通信控制单元

通信控制单元分 TY-1 型和 TY-2 型两种，工作原理基本相同，下面以 TY-1 型通信单元为例进行说明。

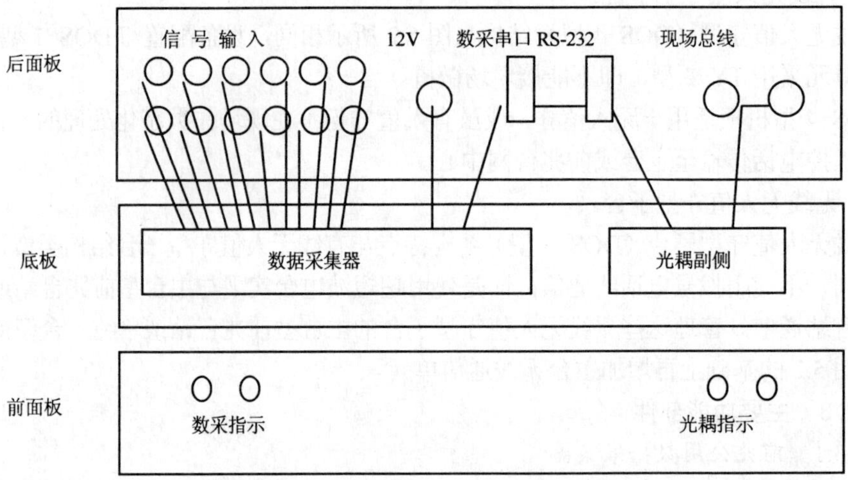

图 5.3 地震前兆数据采集单元结构框图

(1) 原理框图。

TY-1 型地震前兆主台有线通信单元集成了 RS-232C 多路转换器（一转八）、“有线 MODEM”、“光隔主侧”、MODEM 电源自动唤醒和自动关机电路等部分，是地震前兆台站集成的重要设备之一。为配合台网中心有线通信单元实现各项功能，还需配备 RS-232C 多路转换卡、GPS 接收机（含天线及天线保护盒），以及地震前兆通信控制软件，地震前兆数据管理服务软件及相应的连接电缆。

通信单元构成框图如图 5.4 所示。

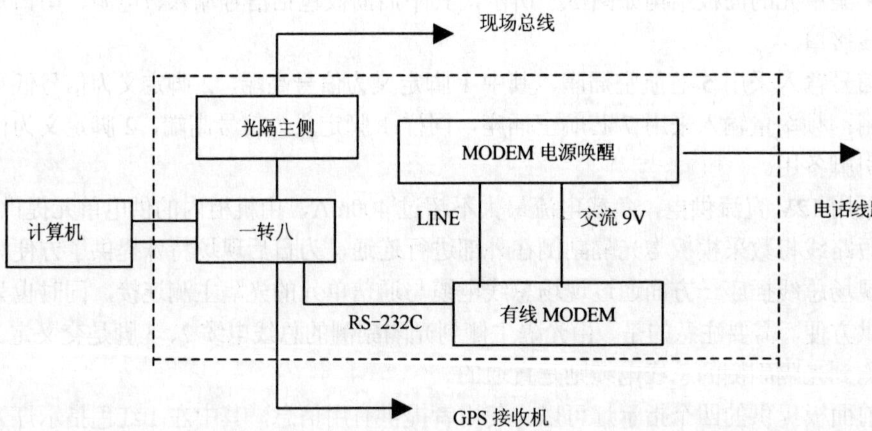

图 5.4 TY-1 型地震前兆主台有线通信单元原理框图

(2) 面板结构。

TY-1 型地震前兆主台有线通信单元的部件及电路均集成在一个上架式机箱内。机箱上下盖板及两侧板均可拆卸，便于安装、维护。

前面板结构如图 5.5 所示：

① 前面板左侧为调制解调器面板指示灯窗口。当电源打开时，AA、TR、 MR 灯亮；当电话线上线时，AA、CD、OH、TR、MR 灯亮；

② 前面板中间位置是总线通信状态指示灯，“发”灯为红色，当计算机向数采设备发命令时亮；“收”灯为绿色，当数采设备向计算机发数据时亮；

③ 前面板右侧为两个电源开关，“MODEM 电源”用于控制 MODEM 电源的工作方式，当台站处于无人职守时，为“自动”；当需要用计算机和其他台站或台网中心通信时，为“手动”。“GPS 电源”平时为 OFF，当需要用 GPS 时钟为数采等设备对时时，打开电源（ON）。

后面板结构如图 5.6 所示：

① 面板下面一排为“一转八”板的外接接口，名称如图示；左侧上面一排为“光隔（主侧）”的外接接口，名称如图示；右侧上面为外接“+12V 直流”电源插座；“电话线路”为两芯航空插座，用于连接电话线；“MODEM RS-232C”为调制解调器串口。

② 后面板连线如下:“总线 232”和“数采 2”由一条 DB9 针-DB9 孔的电缆相连;“MODEM RS-232C”和“有线” 由一条 DB9 针-DB9 孔的电缆相连；“COM2” 由一条 DB9 针-DB9 孔的电缆和计算机串口相连；“CONTROL” 由一条 DB15 孔-DB15 针的电缆和计算机扩展槽中的控制卡相连；“现场总线（主侧）”由一条 DB9 孔-DB9 孔的电缆和数据采集单元的“现场总线（副侧）”相连。“现场总线（主侧）”的另一个 9 针插座由一条 DB9 孔-DB9 孔的电缆和智能设计的前兆仪器所配光隔副侧的“现场总线（副侧）”相连。

为实现地震前兆主台有线通信单元的各项功能，还需配备 RS-232C 多路转换控制卡、GPS 接收机、天线及天线保护盒、地震前兆通信控制软件，地震前兆数据服务软件及相应的连接电缆。

(3) 外接电缆及连接。

TY-1 型地震前兆主台有线通信单元后面板（图 5.6）有多条专用电缆连接，并和其他设备互连。

（a）通信微机与 COM2 连接电缆。

这是一条 DB9 针-DB9 孔-9 线直连的电缆，用于连接主台有线通信单元机箱（以下简称机箱）后面板“COM2”口和通信微机串口。如果通信微机串口为 DB25 针定义，则需要 DB25 孔-DB9 针转接器转换。

（b）通信微机控制槽与多路转换卡连接线。

这是一条 DB15 针-DB15 孔-12 线直连电缆，用于连接机箱后面板“CONTROL”口和插入通信微机扩展槽的 RS-232C 多路转换卡。

（c）总线 232 与数采 2 连接线。

这是一条 DB9 针-DB 孔-9 线直连电缆，用于连接机箱后面板“总线 232”插座和“数采 2”插座。

（d）MODEM 与扩展卡的连接线。

这是一条 DB9 针-DB9 孔-9 线直连的电缆，用于连接机箱后面板“有线”插座和“MODEM RS-232C”插座。

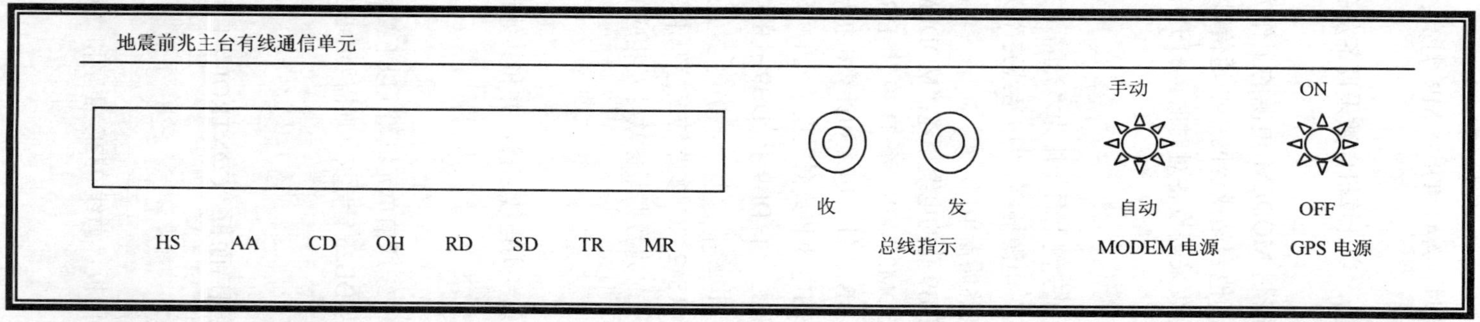

图 5.5 “地震前兆主台有线通信单元”前面板

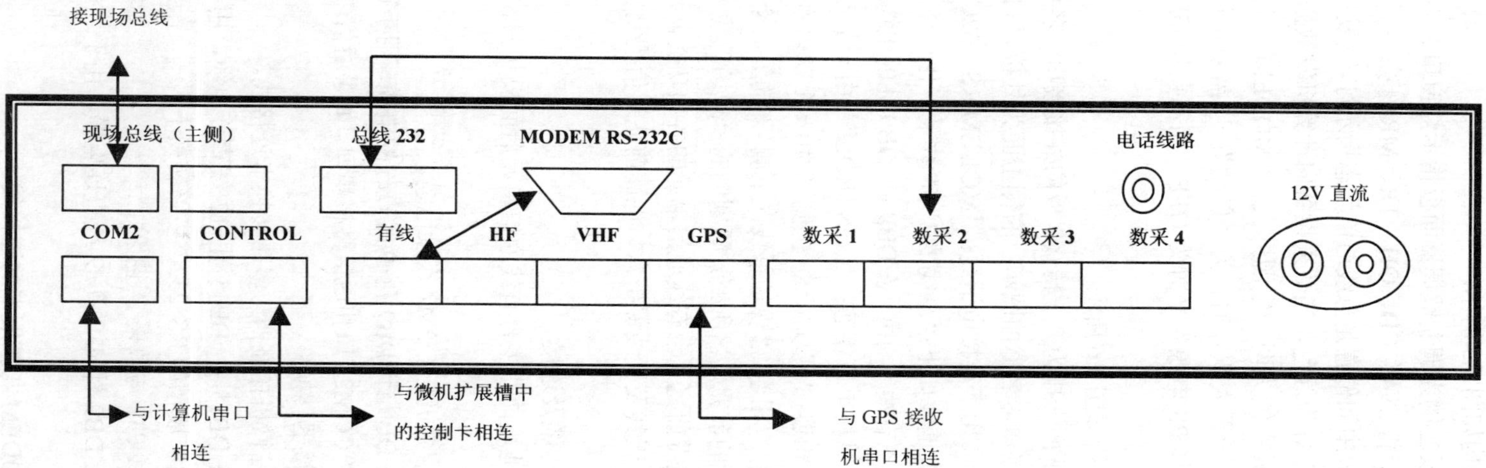

图 5.6 “地震前兆主台有线通信单元 ”后面板

（e）光隔主侧到光隔副侧的连接线。

这是一条 DB9 孔-DB9 孔-4 线交叉连接的电缆，用于连接机箱后面板“现场总线（主侧）”插座和数据采集单元机箱后面板“现场总线（副侧）”插座。

（f）另外一条光隔主侧到光隔副侧的连接线。

这是一条 DB9 孔-DB9 孔-4 线交叉连接的电缆用于“现场总线（主侧）”的另一个 9 针插座连接智能设计的前兆仪器所配光隔副侧的“现场总线（副侧）”插座，其连接电缆长度视与前兆仪器距离而定（＜1200m）。

（g）电话线路连接线。

电话线路为一两芯航空插座，通过一条一端为两芯航空插头电缆与电话线连接。

（h）电源线。

主台有线通信单元机箱是由电源控制器机箱引出的直流+12V 电源供电的（定义 1 脚为正，2 脚为负）。

5.2.3.3　电源控制单元（DK-2A 型）

(1) 原理框图。

DK-2A 系列电源控制器是采用免维护电瓶和相应的控制装置构成具有稳定性好、大容量、抗感应雷电和强干扰以及有较完善的控制保护功能的直流供电系统。DK-2A 系列电源控制器原理框图如图 5.7 所示。

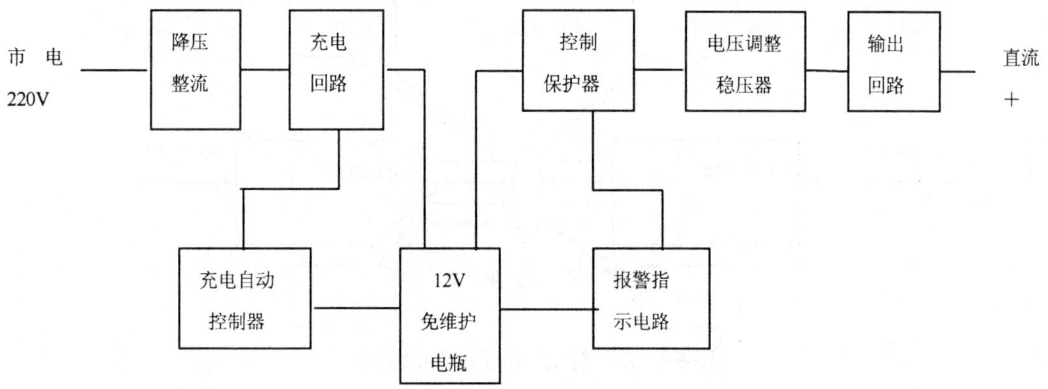

图 5.7　DK-2A 系列电源控制器工作框图

市电经过变压器降压整流后，通过具有自动控制充电电压和充电电流的充电回路对 12V 免维护电瓶充电。在有多种保护功能的控制器控制下，电瓶电压经过电压调整稳压器后得到满足指标要求的输出电压，通过具有输入输出和路间隔离的输出电路输出。当中各种控制保护功能均由报警指示电路发出声、光指示。

(2) 结构安装、使用说明。

DK-2A 系列电源控制器除电瓶外，其余部件及控制电路均装在一机箱内。机箱采用轻铝合金型材、框架式结构组合，轻便灵活，上下盖板及侧板采用喷塑铁板，有利于散热和屏蔽，且便于装拆，使用方便。

当选用上架式机箱时，则方便与测量单元集成于机柜，组成一体成为一个系统。如选用台式机箱（尺寸与上架机箱同、仅手柄有差别，可以互换）则可单独作为一台电源使用，可以方便移动，随意放置。

DK-2A 型电源控制器包括＋12V 稳压电源，供电控制、指示及电瓶充电电路。配接的＋12V 免维护电瓶安装在柜子的最底层。详细描述请参见本书 4.4.1。

本机箱的交流电源应接至交流参数稳压器的输出，“电池”接到机柜下面的电瓶上，注意极性，且该电瓶不得为任何前兆仪器供电，否则会因为地线混接，造成雷击成片损坏设备的严重后果。

5.2.3.4　地震台站的现场总线概念

(1) 总线的基本概念。

现场总线必须具有如下基本功能：

① 具有三态功能；

② 具有足够的驱动能力；

③ 可以分时使用。

通过合理设计，地震前兆台站必须具备以上三条功能要求。

(2) 地震前兆台站总线结构。

地震前兆台站现场总线由光隔离驱动器及 4 芯屏蔽电缆组成。见图 5.8。

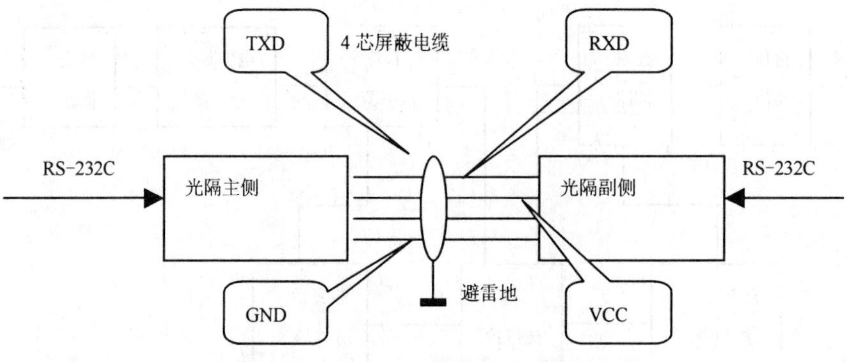

图 5.8　地震前兆台站现场总线构成

光隔离驱动器分主侧和副侧两种，光隔离驱动器是台站现场总线的关键设备，它完全实现了地震前兆台站对现场总线的要求。实现了总线驱动、实现了传输线与两端设备的隔离、实现了连接多台被控设备、实现了 RS-232C 接口。

在这个现场总线上，两端设备均采用 RS-232C 接口及为 RS-232C 编写的通讯程序。实际上只要是使用点名方式的 RS-232C 通讯控制程序都可在此总线上工作，不仅适合地震前兆台站的情况，也适合于其他需要隔离的场合。

(3) 光隔离驱动器主侧。

光隔离驱动器主侧原理框图见图 5.9。

由图可见，由光隔离器件将光隔离驱动器主侧分为 RS-232C 接口侧和总线电缆侧两部分，两部分间没有电气联系，依靠光耦合传输信号，达到将 RS-232C 侧及与之相连的通信设备与现场总线电缆之间隔离开来的目的。这种隔离有效地防止了总线电缆上的高感应雷电信号毁坏 RS-232C 接口侧设备，也防止了 RS-232C 接口侧的高感应雷电信号毁坏总线电缆上的设备，将雷电损坏的范围有效地隔离开。设计并通过测试表明，RS-232C 接口侧和总线电缆侧两部分间的隔离电压在 4000V 以上。光隔离驱动器主侧要将 RS-232C EIA 电平的命令通过光隔离器发送到现场总线上，应能驱动 1200m 长的总线电缆上 16 个以上光隔离驱动器副侧，将命令送到接到总线上的所有仪器设备，接到总线上的所有仪器设备的命令接收端并接在总线电缆的 TXD 芯线上，并且前兆台站现场总线主控设备是分时工作的，所以驱动现场总线电缆的 TXD 芯线不需要三态。

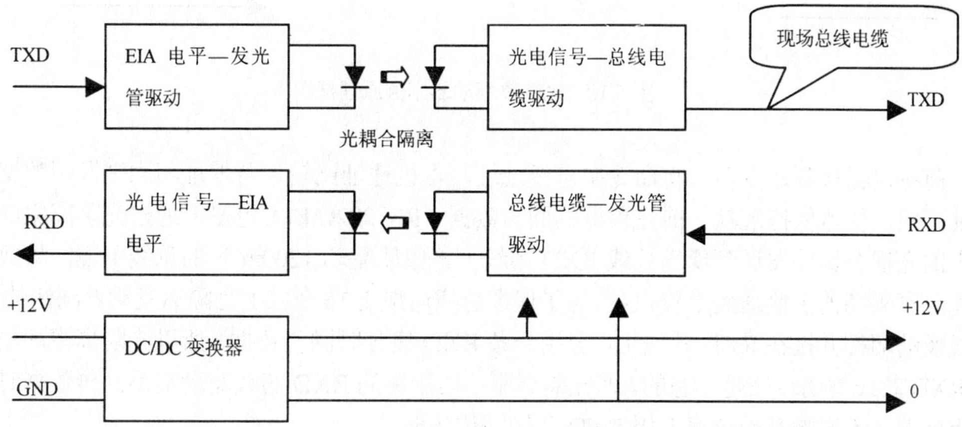

图 5.9　光隔离驱动器主侧原理框图

光隔离驱动器主侧还要接收来自现场总线 RXD 芯线上的前兆仪器的数据，RXD 芯线上总线电平要驱动光隔离器件的发光端，光隔离器件的接收端将信号转换为 RS-232C EIA 电平送给主控设备的 RS-232C 口，总线电缆上 16 个以上光隔离驱动器副侧的 RXD 芯线驱动端都并接在 RXD 芯线上，公用一条 RXD 线依据命令分时回传数据。

光隔离驱动器主侧还要向现场总线电缆驱动电路隔离供电，隔离电源是用 DC/DC 变换器实现的。DC/DC 电源变换器的输出为光隔离驱动器主侧的电缆驱动电路和光隔离驱动器副侧的电缆驱动电路供电，以保证对长电缆的驱动能力。

(4) 光隔离驱动器副侧。

光隔离驱动器副侧原理框图见图 5.10。

由图可见，由光隔离器件将光隔离驱动器副侧也分为 RS-232C 接口侧和总线电缆侧两部分，两部分间没有电气联系，依靠光耦合传输信号，达到将 RS-232C 侧及与之相连的前兆仪器或数据采集器与现场总线电缆之间隔离开来的目的。这种隔离有效地防止了总线电缆上的高感应雷电信号毁坏 RS-232C 接口侧设备，也防止了 RS-232C 接口侧的高感应雷电信号毁坏总线电缆上的设备，将雷电损坏的范围有效地隔离开。RS-232C 接口侧和总线电缆侧两部分间的隔离电压也在 4000V 以上。

光隔离驱动器副侧通过总线电缆的 TXD 芯线接收主控设备发来的命令，该总线电平要驱动光隔离器件的发光端，光隔离器件的接收端将信号转换为 RS-232C EIA 电平送给被控前兆仪器设备的 RS-232C 口。

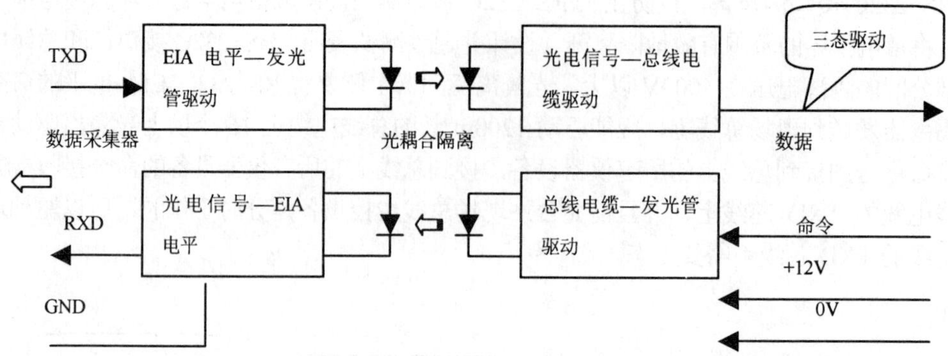

图 5.10　光隔离驱动器副侧原理框图

前兆仪器接到命令后，将命令中总线地址与本机地址比较，若地址相同则发回数据，若地址不同，仪器保持沉默。前兆仪器的回传数据（RS-232C EIA 电平）通过光隔离驱动器副侧中的光耦合器件发送到现场总线 RXD 芯线上，应能驱动 1200m 长的总线电缆，将数据通过光隔离驱动器主侧送到主控设备，为了保证总线电缆上 16 个以上光隔离驱动器副侧的 RXD 芯线驱动端都并接在 RXD 芯线上，公用一条 RXD 线分时回传数据，所以光隔离驱动器副侧的 RXD 芯线驱动端应是三态的，即光隔离驱动器副侧的 RXD 芯线驱动端不回传数据时应处高阻状态，不影响其他仪器占用 RXD 芯线回传数据。

(5) 地震前兆台站现场总线的主要作用。

地震前兆台站现场总线的主要作用如下：

① 实现多个前兆仪器的接入；

② 长线驱动；

③ 避雷保护。

通过地震前兆现场总线，既可以实现多仪器连接，又可以有效保证了地震前兆仪器的安全可靠工作。

5.2.4 前兆台站通信协议与通信控制软件

5.2.4.1　前兆通信协议简介

(1) 通信命令格式。

通信命令格式分 5 个部分：控制字（1B）、仪器地址（1B）、参数（nB）、仪器密码（4B）、检验码（2B）。

控制字	仪器地址	参数	仪器密码	检验码

(2) 命令分类。

命令集共分 8 类：控制类（9 条）、时钟类（6 条）、台站参数类（8 条）、仪器参数类（11 条）、事件类（8 条）、传感器类（8 条）、数据类（9 条）、标定类（10 条）。

各个命令的具体解释见地震行业标准：地震前兆观测仪器（通信与控制），DB/T12.2—

2003。

5.2.4.2 前兆通信控制软件

(1) 软件主要功能。

（a）原始数据的收集。

原始数据是指由数据采集器或智能化前兆仪器产出的数据，由该软件收集形成文件（原始文件名按约定生成）并存入计算机硬盘，保存在ORG文件夹中。

收集原始数据有三种方法：

*定时自动收集各个台站的数据；

*单台自动收集所有仪器的数据；

*命令方式逐台逐项收集数据。

（b）原始数据转换。

从数据采集器或智能化前兆仪器收集来的数据是BCD码格式或其他格式数据，并携带有符号、小数点位置等信息，因此必须对其进行格式转换以形成带有被测量量纲的前兆测量数据。

原始数据转换有两种方法：

* 在收数的同时自动完成转换；

* 菜单命令进行原始数据转换。

（c）监控数据采集器、智能化仪器和GPS接收机。

数据采集器正常工作需要很多重要参数，包括分量表、系统时钟、台站代码等，软件可实现对参数的调回、修改从而实现对仪器的控制。软件还可以监测GPS接收机，改变其信息接收状态并实现用GPS时间校对计算机和前兆仪器时钟。

（d）.绘制前兆数据曲线。

可将每日前兆数据文件绘成多条曲线并进行打印，还可将多个数据文件连接后绘成一条连续曲线。

（e）对前兆数据进行预处理。

该软件可以对前兆数据中数据突跳、成片非正常数据进行处理。

（f）对标定的原始数据进行处理。

前兆仪器工作一段时间后需要进行标定，标定后仪器格值转换参数将发生改变。这使得标定当天的原始数据在进行格值转换时需要进行两次处理，首先要用原来的格值转换参数转换标定前的原始数据，再用新的格值转换参数转换标定后的原始数据并舍弃标定时段采集的非正常数据。该软件的标定处理功能将完成此项工作。

（g）形成月整点值、月日均值、年整点值和年日均值文件。

可根据收集的日前兆数据文件形成月整点值、月日均值、年整点值和年日均值文件。

（h）添加外部应用程序。

为了增强和扩大该软件灵活处理多种多样的前兆仪器产出的数据，该软件增加了“外接程序”的功能菜单，可以将其他的应用程序作为菜单项添加到该软件。

(2) 软件使用环境。

该软件要求在WIN98环境下安装运行，运行该软件的微机应具备ISA插槽以用于插入计算机通信控制卡，该软件通过计算机控制卡对通信进行控制。

本软件支持通信微机的RS-232C口与单台数字化仪器或DSC-2系列数采的通信，也支持通过 DQS-1、DQS-2、DQS-3、DQS-4 型地震前兆台站数字化设备与多台前兆仪器的通信，同时还支持通过拨号电话对远程台站（或子台）的数字化仪器的通信。

软件安装比较简单，将安装盘放入光驱，运行 SETUP.EXE 安装文件，出现安装界面，选择指定路或软件路径为系统安装路径，鼠标单击安装按钮，软件将自动进行安装。

(3) 软件操作注意事项。

软件具有下拉式菜单操作方式，界面简洁、友好。具体操作方法可参阅“地震前兆数字观测公用技术与台网”，这里只提醒几点注意事项。

（a）该软件需要在通信扩展卡的配合下方能正常运行；

（b）通信微机内部的分量表与台站仪器或数据采集器的分量表必须时刻保持一致，避免张冠李戴，造成台号和数据、手段代码和实际传感器之间不一致；

（c）计算机时钟必须和标准时钟保持一致（误差小于10秒），以免造成数据丢失；

（d）修改台站仪器或数据采集器内部参数时，执行完修改操作后必须调回来检查以下，确保参数正确；

（e）采用GPS对时时，应先将GPS进行预热5分钟，保证可靠跟踪；

（f）数据汇集后注意数据格式转换和数据备份。

5.3 以RJ45为基础的台站集成技术

5.3.1 基于RJ45方式台站集成的基本条件

以RJ45为基础的台站集成的基本条件为：

(1) IP地址必须到台站（或观测仪器）。

RJ45接口是网络化通信的标准接口，因此网络布线（有线或无线）延伸到台站是实现网络通信的必要条件。按照统一设计，每个台站将被分配足够的IP地址。

(2) 观测仪器自身符合网络化设计。

观测仪器必须依据网络化设计要求，能够支持 TCP/IP 协议。按照总体设计，观测仪器相当于一个小型服务器，可以随时响应网络上的合法客户端访问。

基于 RJ45 方式的台站集成具有许多优点，例如公用资源丰富，可以充分利用；集成系统结构简洁，设备可靠性高；运行成本低，通信速度快等。

但也存在局限性，例如对仪器分布比较离散的台点，不便集成，或者说集成成本较高；对观测仪器的硬件配置要求较高，为了能够支持 TCP/IP 协议，每个观测仪器必须配置网络适配器，必须具备足够的运行速度，因此使得仪器成本增加。

5.3.2 网络化仪器基本构成及其功能仪器

5.3.2.1 网络化仪器的基本结构

观测仪器的网络化设计方案很多，但原理基本上是一样的，即采用CPU加专用的网络适配器结构。根据CPU的分工及物理结构的划分，一般可分为两大类，即一体化设计方案和机顶盒方案。目前地震观测仪器的网络化设计大体上采用这两种方案。

(1) 一体化设计。

所谓一体化设计，是在主机CPU的总线电路上扩展网络适配器芯片接口，数据采集和网络通信在CPU的统一调度下运行。框图结构如图5.11所示。

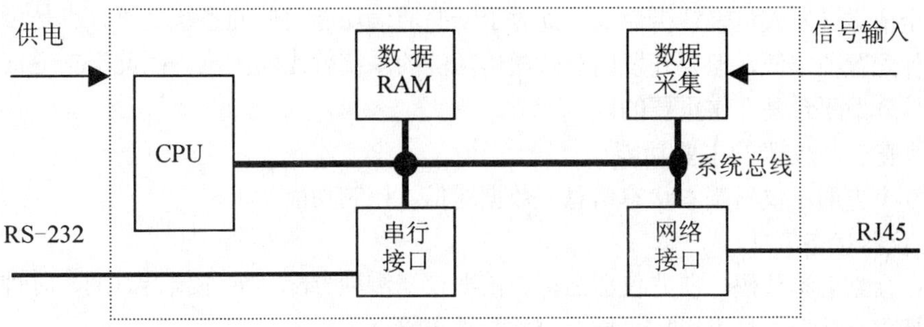

图5.11　一体化设计的网络仪器结构

采用一体化设计的网络仪器特点是系统简洁，结构简单可靠，且成本较低，实时性好等，适合于对通信能力要求不是很强、通信数据量不太大、通信速度不太高的场合。采用一体化设计需要重新设计主机电路板和系统监控软件，开发周期较长。

(2) 机顶盒结构。

机顶盒结构网络化仪器是在不改变原有主机的前提下，单独设计一个网络通信模板，独立封装或放在同一机箱内，俗称“机顶盒”。主机原有功能结构不变，机顶盒与主机之间一般采用RS-232连接，实时地将主机信息收集到机顶盒内的数据区，等待客户端随时访问。框图结构如图5.12所示。

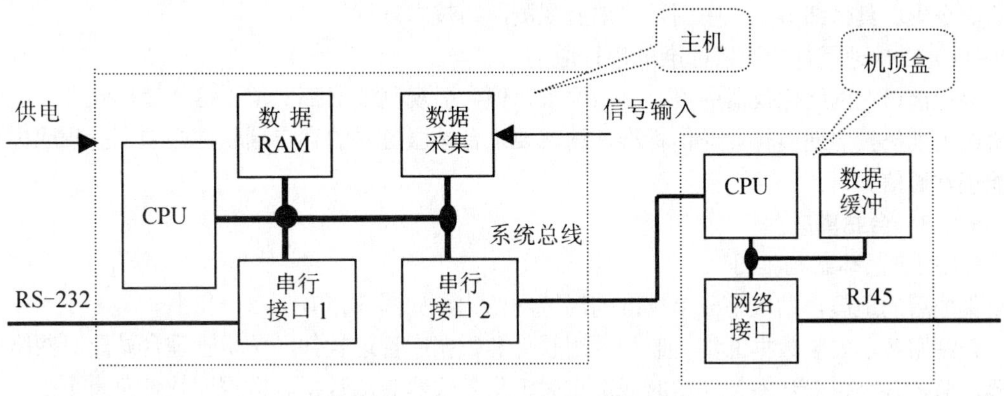

图5.12　采用机顶盒结构设计的网络化仪器结构

此种结构特点是不需要改变原有主机电路，因而对原有仪器的兼容性好，通信速度较快，开发周期短等。缺点是采用了多CPU，硬件成本增大，且多了一个硬件环节，可靠性不如一体化结构高，数据响应的实时性也不如一体化结构好。

5.3.2.2　网络化仪器监控软件及功能设计

网络化仪器要支持TCP/IP通信协议，在通信控制软件的设计上远比RS-232通信要复杂得多，一般需要在操作系统支持下进行设计比较方便，操作系统本身包含了TCP/IP协议栈，软件开发人员只须直接调用。而如果系统为裸机（无操作系统支持），也没有包含TCP/IP协议栈，完全依靠开发人员来解析命令，则对于一些通信功能简单的系统是可行也是可取的，毕竟对硬件配置要求低，但要开发出复杂通信功能的系统就比较困难。因此根据通信功能要求选择软件开发平台是非常重要的。

(1) 地震观测仪器的主要功能。

包括3个方面：仪器基本状态信息、数据通信、控制功能。

（a）仪器状态信息。

包括：台站名称代码、前兆仪器名称、前兆仪器测项分配、前兆仪器日期、时钟、当前数据、仪器供电状况、标准电压采样、台站事件报警。

（b）数据通信。

包括：当天数据下载、昨天数据下载、任意天数据下载、事件数据下载；

（c）状态控制。

包括：仪器校准控制、仪器复位控制、交流供电控制、仪器标定控制、仪器格值修改、台站代码修改、仪器IP地址修改。

(2) 通信协议的支持能力。

（a）通用浏览器访问。

每台仪器都有自己的主页，用户可以通过通用浏览器进行访问。主页界面风格各个厂家自行设计，各自发挥，当须实现上述各项功能要求。

（b）专用通信的软件访问。

专用软件按照“十五”数字地震观测网络通信规程要求统一设计。仪器必须充分支持相关的命令集。具体细节见“中国数字地震观测网络技术规程”。

（c）支持地震行业通信标准的串行通信。

串行接口在网络化仪器中没有专门要求，但大多观测仪器都保留了这一接口硬件，而通信协议上则仍按照地震行业通信标准。这就要求台站服务器的客户端软件必须支持相应标准方能正常通信。

5.3.3　台站集成

5.3.3.1　总体结构框图

集成后的地震台站应是一个标准的局域网结构，如图5.13所示。

台站服务器安装数据汇集、监控专用软件和数据库管理软件，负责管理台站所有网络化仪器，监控各个仪器状态，并实时或准实时汇集各仪器观测数据。数据库软件负责至少一年的所有观测数据存储、管理，供台网中心或其他客户访问。

台站所有网络化仪器均通过RJ45接口与网络集线器连接，对于某些特殊台站（特别是前兆手段）可能需要具体分析区别对待。详细可参见前节相关内容，此处不再累述。

5.3.3.2　几种不同模式的结构框图

为了应对不同类型的台站集成，可以有以下几种技术方案。

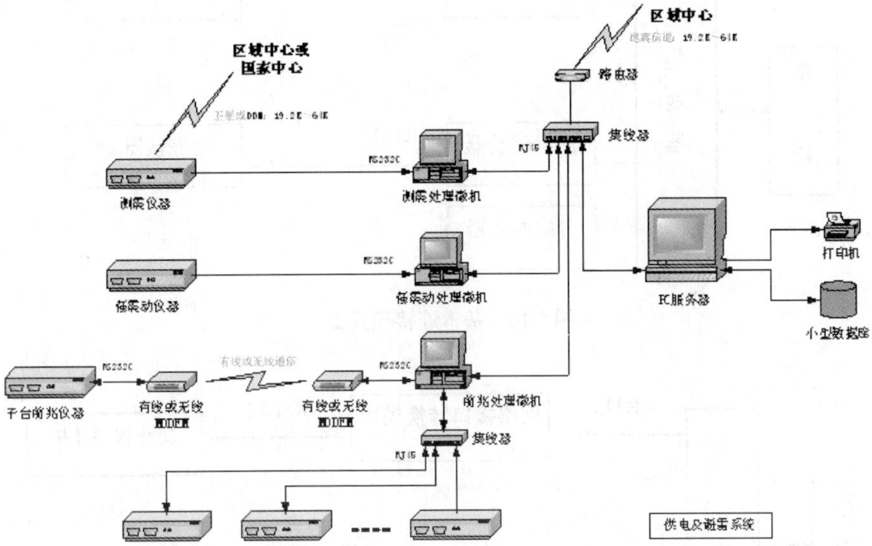

图 5.13 基于 RJ45 方式的台站集成技术框图

(1) 观测仪器直接通过 RJ45 接入集线器（基本模式 1）。

此种连接只需要一个多口集线器就能实现多台仪器的集成。如图 5.14 所示。

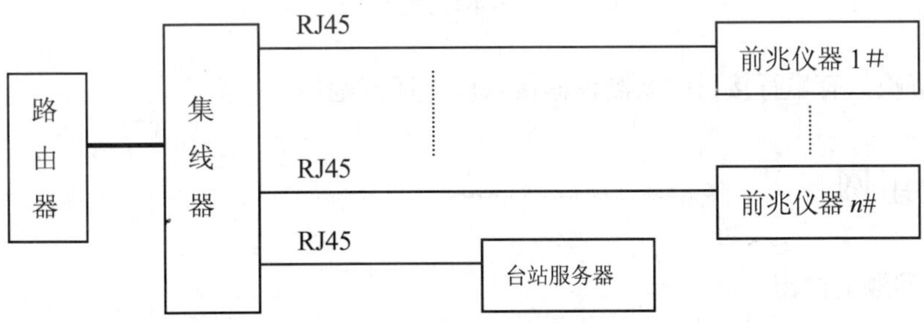

图 5.14 基本连接模式 1

特点：网络连接线采用双绞线，结构简单，维护管理方便，特别适合距离在 100m 以内的各仪器入网连接。如果采用光纤连接，虽然可延长距离，但成本较高。

(2) 观测仪器通过网络延长器接入集线器（基本模式 2）。

对距离网络集线器稍远的观测仪器，可以通过网络延长器适当延长接入距离，但距离一般不宜过长，过长会带来新的问题。连接框图如图 5.15 所示。

特点：延长距离 200m 左右较适宜，一般适合 100m 到 300m 内的仪器连接。

(3) 通过协议转换接口实现串行接口仪器与以太网连接（基本模式 3）。

这种模式实际上不是一种独立模式，只是为了弥补串口仪器设计上的不足。如图 5.16 中，所谓的网络接口模块相当于观测仪器的机顶盒。

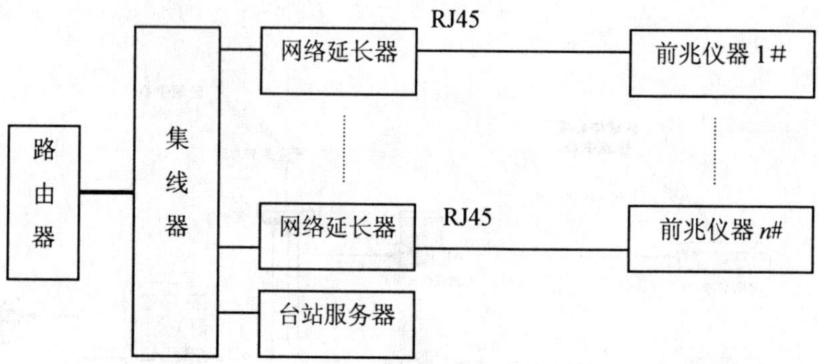

图 5.15　基本连接模式 2

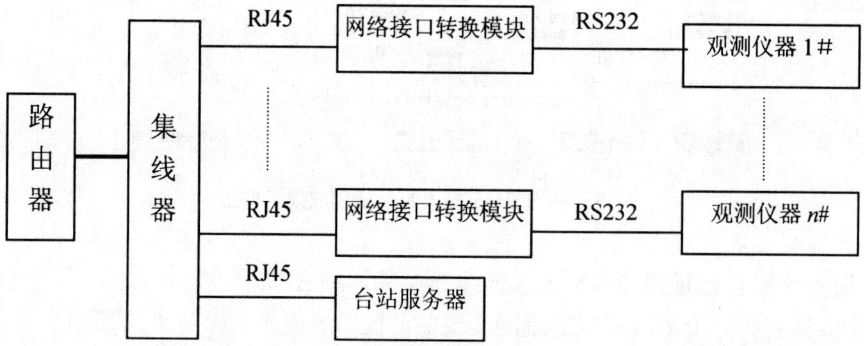

图 5.16　基本连接模式 3

特点：解决只有串行接口的观测仪器接入以太网问题。

5.4　混合组网

5.4.1　问题的提出

根据对现有地震台站的调研，台站分布、测点分布、观测仪器分布情况十分复杂，且由于经费限制，不可能将 IP 地址延伸到每一个台站监测点，即不可能在采用单一 RJ45 通信基础上解决所有地震台站（点）的集成问题，只能采用混合方式。采用混合组网方式进行系统集成时必须注意以下几个具体问题：

(1) 基于RS232接口方式的集成设计与基于RJ45接口方式的集成设计在硬件连接上存在根本不同点，在适应面上各自存在局限性；

(2) “九五” 前兆台站集成设计普遍采用 RS-232 方式，设计时既要保证原有系统的完整性，又要充分发挥网络通信地优越性；

(3) 主要台站已进行了数字化改造，在网线能够到达的台站，远程数据通信必须采用网络通信，便于数据交换与共享；

(4) 在通信协议上二者有重大差异，在必须采用 RS-232 通信方式进行集成的环节应保持相对独立性。

5.4.2 台站混合组网的基本解决方案

5.4.2.1 采用混合组网方式的集成系统结构

(1) 总体技术框图。

基于 RJ45 方式下兼容 RS-232 的集成设计是解决地震台站集成的最佳方案。总体技术框图如图 5.17 示。

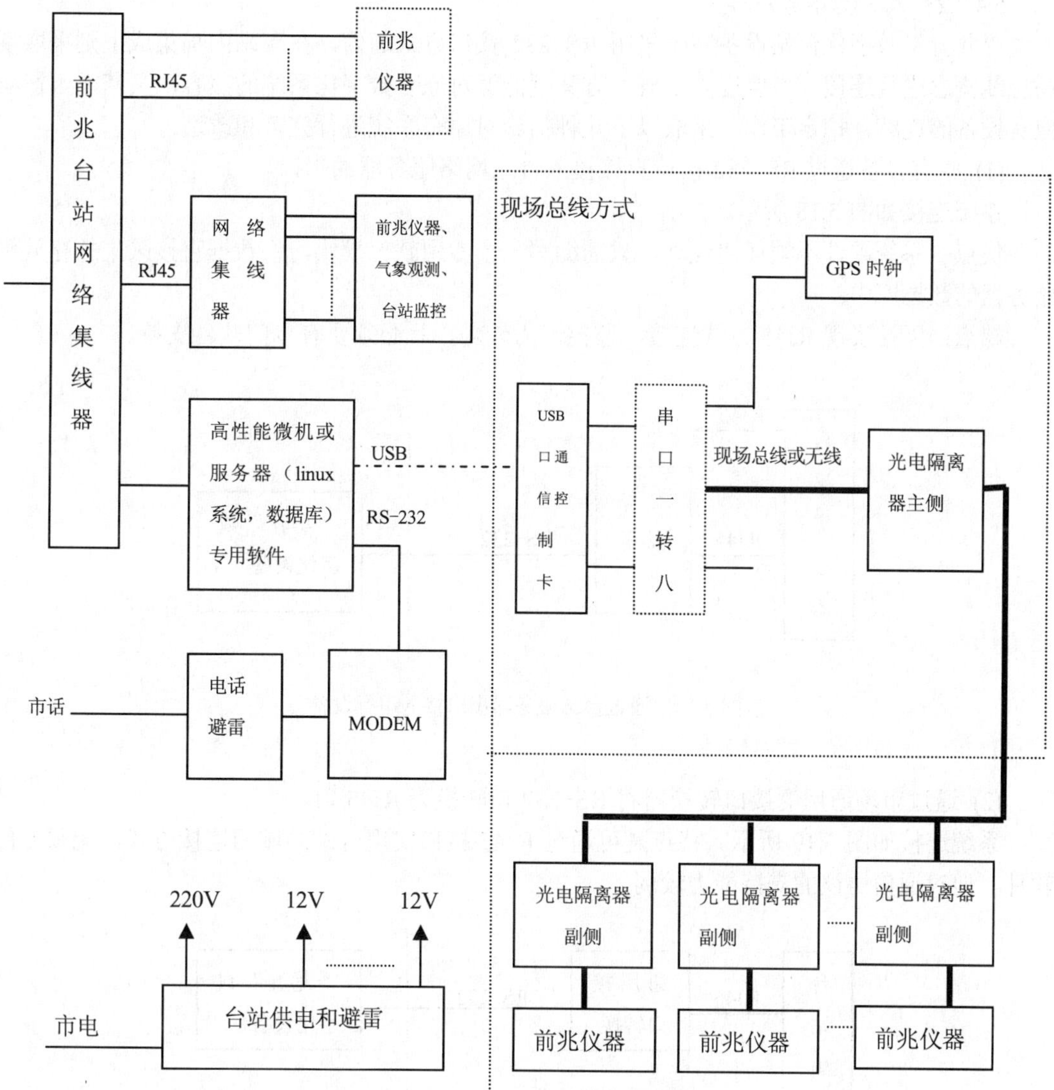

图 5.17 前兆台站集成监控系统结构框图

(2) 功能特点。

混合设计方案具有以下特点：

（a）台站集成系统整体上是一个小型局域网结构；

（b）台站服务器可通过 RJ45 口或 RS-232 串口汇集本台站所有前兆仪器数据；

（c）台站服务器可实时监测本台站所有前兆仪器的工作状态、台站环境并进行必要控制，支持浏览器方式和客户端方式访问；

（d）台站服务器可支持长时间（一年以上）数据在线能力；

（e）台网中心可通过 Internet 访问台站服务器、台站网络化前兆仪器；

（f）台网中心可通过拨号方式访问台站服务器；

（g）每个台站的前兆仪器接入能力在 16 台套以上。

5.4.2.2　几种基本集成模式

“九五”数字化台站设备完全采用 RS-232 接口方式通信，在台站内部集成上则采取现场总线概念进行连接。为保证“十五”方案既能够对原有数字化系统的兼容，又基本不影响原有设备的连续、稳定工作，采取以下几种措施对原有系统进行完善和改造：

(1) 原有设备通过 RS-232 接口直接接入台站网络服务器的串口。

系统连接如图 5.18 所示。

优点：系统硬件不须任何变动，只需编写一个专用软件模块，将数据直接采集并存放到服务器的数据库中。

缺点：无法实现 RJ45 方式连接，监控能力较弱，且必须要有专门软件支持。

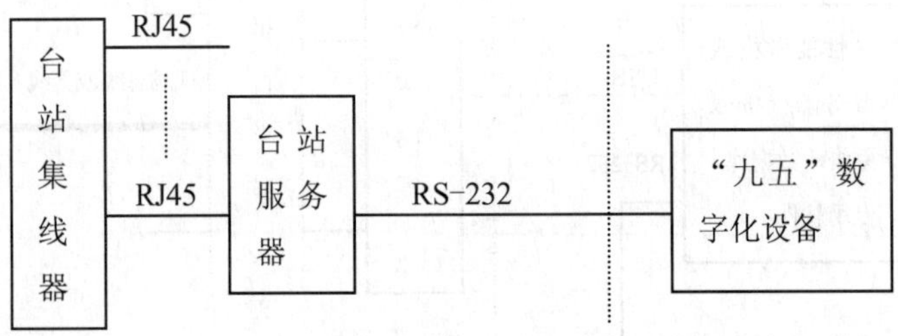

图 5.18　通过台站服务器串口接入串行设备

(2) 通过市场通用的接口转换器将 RS-232 口转换为 RJ45 口。

系统连接如图 5.19 所示。特点是可通过 RJ45 接口实现台站局域网连接方式，无须专门软件。但对通信协议的支持能力较弱。

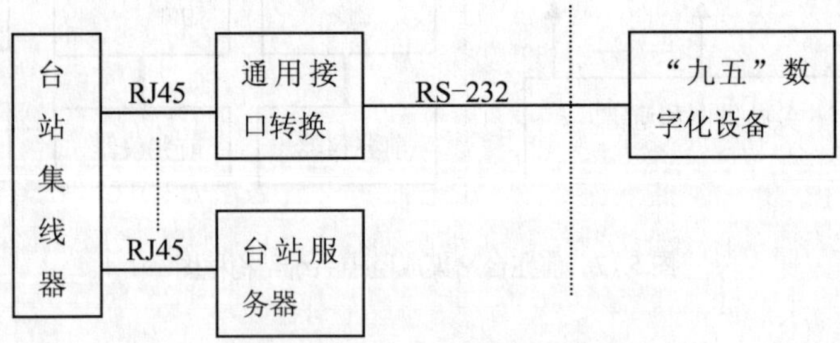

图 5.19　通过通用接口转换模块接入串行设备

(3) 通过专用的设备实现 RJ-45 连接。

系统连接如图 5.20 所示。专用接口设备即我们通常所说的机顶盒。

优点：可实现 RJ45 方式接入，可扩充数据采集器的数据存储空间，特别适合仅有多路模拟量接入公用数据采集器的情形。具有较强的网络支持能力。

缺点：成本略高于前两种方案。

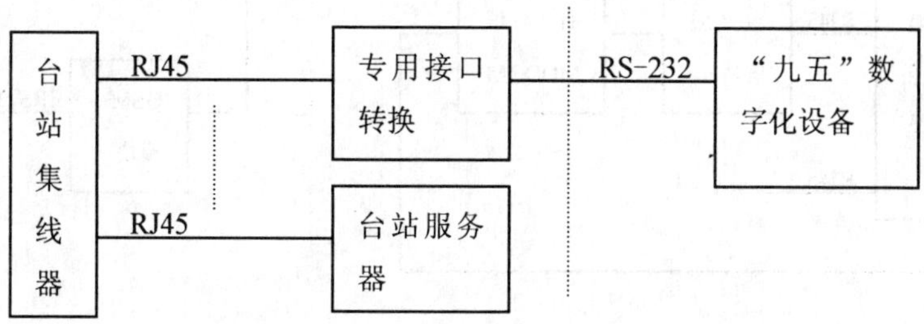

图 5.20　通过专用接口转换模块接入串行设备

（4） 通过 GPRS 信道连接。

GPRS（General Packet Radio Service）是通用分组无线业务的简称，用户可以通过 GPRS 实现各种高速数据通信。框图结构如图 5.21 所示。

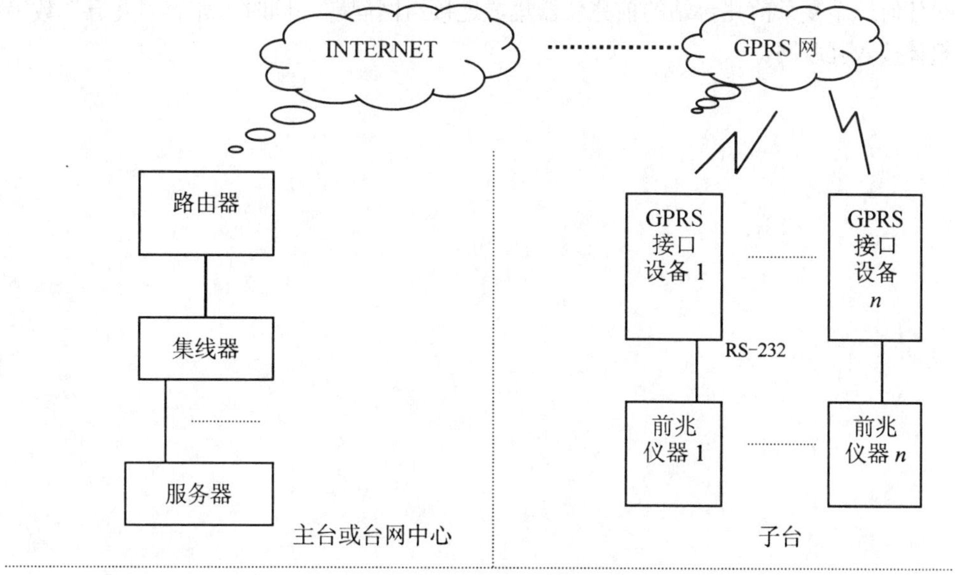

图 5.21　通过GPRS实现串行仪器的入网

特点：适合单一前兆仪器的子台仪器入网问题，距离不限，只要在信号覆盖区。可解决串口仪器直接进入互联网。

(5) 通过 GSM 信道实现前兆仪器入网。

GSM 是一种无线通信信道，可以实现话音、数据等通信业务。通过 GSM 实现观测仪器入网的结构如图 5.22 所示。

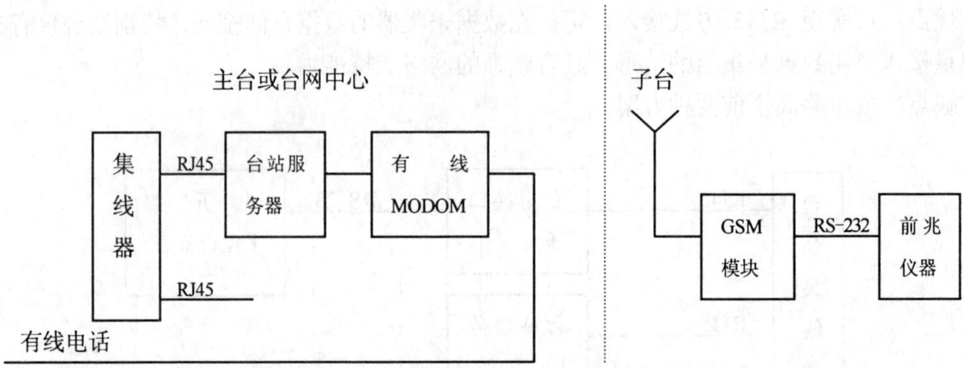

图5.22　通过GSM信道实现串行仪器入网

特点：适合单一手段的子台，通信距离不限，只要在信号覆盖区。如果该子台有 2 台套以上的前兆仪器，可通过现场总线将多台仪器组成子网后再通过一条信道实现数据通信，也可采用多条 GSM 信道实现多台仪器的通信。具体采用何种方案应考虑成本。

通过以上 5 种基本连接模式及其组合，再结合有线现场总线技术及供电避雷技术等，就可解决任何一个复杂前兆台站的前兆仪器集成连接组网问题，同时可兼容“九五”数字化台站的整体接入互联网。

6　地震台站环境监测

地震台站观测环境往往对观测结果有一定影响，分析人员在使用观测数据时通常根据环境条件对观测数据进行适当修正。台站环境通常包括气象环境和电磁环境，电磁环境的影响一般可以通过合理选择场地来避免，而对气象环境就必须进行同步监测。

6.1　气象环境监测要素及主要技术指标

气象环境要素包括气温、气压、降雨量、湿度、气流等，这里主要介绍前 3 个要素的监测，对个别仪器要求有特殊辅助观测的，一般由观测仪器本身配备。

6.1.1　气温

气温在气象学中有严格定义，气温要素的测量必须严格按照气象行业标准进行操作，包括气温传感器的安装、传感器的精度要求等。气温传感器的安装在下文中将详细介绍。

传感器的精度要求其最大测量误差应小于±0.1℃；

温度测量范围为（-30～70）℃，考虑到我国地理、季节特点，北方个别地区温度测量范围应为（-50～50）℃。

6.1.2　气压

气压测量精度：＜0.2%，分辨率 0.1hPa；

气压测量范围：（500～1100）hPa。

6.1.3　降雨量

雨量测量精度：＜±4%，分辨率 0.1mm；

雨量测量范围：＜4mm/min。

6.2　WYY-1 型气象监测仪器原理简介

6.2.1　仪器框图

该设备可以连续记录台站环境温度、气压、雨量。主机电路主要由高性能单片机组成，外设三个传感器接口，对台站的温度、气压、雨量等进行监测，并对所记录的数据进行保存。

WYY-1 型气象观测仪整机的总体技术框图如图 6.1 所示，其中主控部分采用以 80486 为 CPU 的 PC/104 工业控制机，并扩展相应的功能电路，目的是便于现场安装及与其他前兆仪器的接口。

由于 PC/104 工业控制机具有丰富的硬件资源，除了需要扩展 AD 扩展板以外，基本上可满足系统的接口要求。

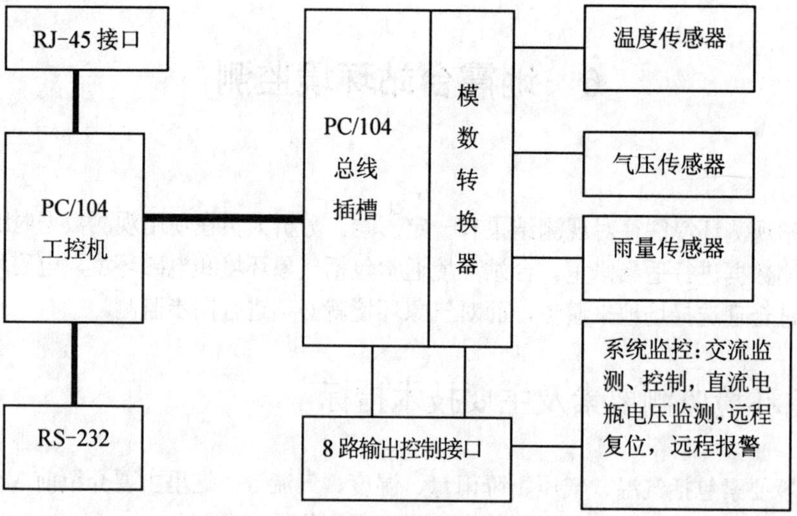

图 6.1　主机原理框图

6.2.2　主控单元

主机采用 PC/104 工业控制机作为控制核心，CPU 采用 80486-100 芯片和高版本的 DOS 操作系统支持，内部包含网络适配器和足够的内部存储器，并配以大容量 DOC 电子盘，既可用于存储指令代码，又可实现 31 天数据存储。

6.2.3　系统供电

系统共有多种不同规格的供电电源：

(1) 主电源为 12V；

(2) 接口扩展芯片的供电电压为 5.0V；

(3) 传感器供电电压为 12V；

(4) 隔离电源＋5V，-5V；

(5) 外部交流 220V，直流 12V，自动切换。

6.2.4　传感器接口设计

6.2.4.1　温度传感器接口

温度传感器由桥式铂电阻构成，电压输出范围为 0～2.0V，对应的温度范围为：(-30～70) ℃或 (-50～50) ℃。则存在关系式：

$$T=(100/2000)\times Vx-30=0.05\times Vx-30$$

或：

$$T=(100/2000)\times Vx-50=0.05\times Vx-50$$

式中，Vx 的单位为 mV，温度 T 的单位为℃。

6.2.4.2　气压传感器接口

气压传感器输出电压 (0～2.2) V，对应于气压 (0～1100) hPa，与气压的关系满足如下线性关系式：

$$Vx=a+b\times P$$

或表示为：

$$P=(Vx-a)/b$$

气压传感器标定为：

输出电压范围为 0～2.2V 时，对应的气压输出范围为 0～1100hPa，则对应的标定结果是：a=5 0mV，b=2，即：P=[（ Vx−50）/2]=0.5Vx−25。

表明：当传感器输出电压等于 50mV 时，气压值为零。

6.2.4.3　雨量传感器接口

雨量传感器由带翻斗的雨量桶构成，输出为脉冲量，翻斗每翻转一次输出一个计数脉冲，代表 0.1mm 降雨量。测量时，每分钟累计一次，将计数结果保存。需要小时值或日累计降雨量时，可以进行二次处理获得。

雨量桶标准尺寸为 200mm 直径，根据容积计算公式，应有：

$y=\pi R^2 d=3.14\times 100^2\times d$，每注入 3.14mm^3 清水，相当于 0.1mm 的降雨量。

雨量传感器与 CPU 的接口电路如图 6.2 所示。

雨量传感器输出控制着一个干黄管的通断，量桶每翻转一次，干黄管触点吸合一次，产生一次中断请求，中断计数器加 1。每分钟中断计数器刷新一次，读取数据并保存。

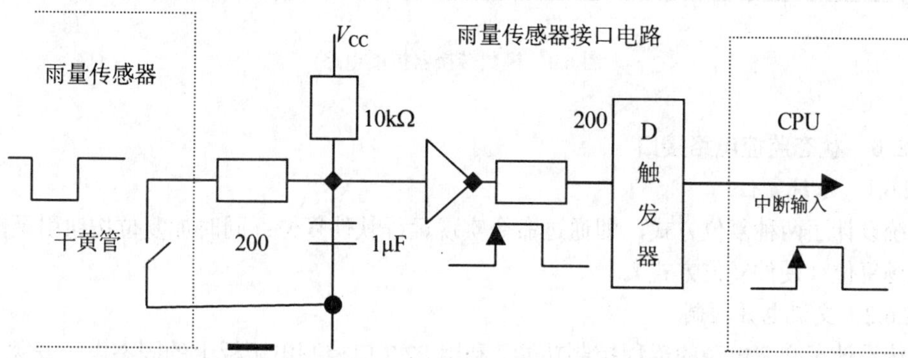

图 6.2　雨量传感器接口

模拟测量通道的其余两个通道可用来作系统自校（测量内部标准信号）和直流供电电瓶电压测量（当电瓶电压过低时，可远程报警，提醒维护人员处理）。

第 3 通道作系统校准用，即接入一个标准信号源（2.4V）。

第 4 通道作直流供电电瓶电压监测用，当监测到电瓶电压过低时，可向服务器发报警信息。

6.2.5　A/D 转换器的扩展

由于单片机本身的 ADC 不能满足转换精度要求，特别是气压测量精度要求，因而扩展了 AD7703 芯片。

扩展电路框图如图 6.3 所示。

其中 Y4.0、Y4.1、Y4.2、Y4.3 为四个通道的切换接口。

Y5、Y6、Y7 端口接数据输入端的三个片选端，并通过数据总线读取转换数据。

Y4.4 为 AD7703 的校准控制接口。

此外，利用 PC/104 的中断源 IRQ10、IRQ11 分别作为 AD7703 的中断请求和雨量脉冲计数中断请求。

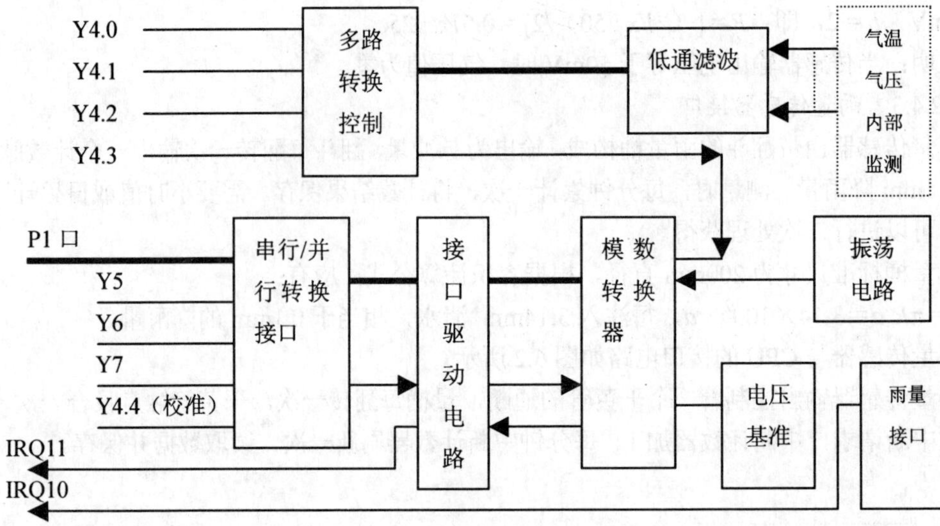

图 6.3　模数转换器扩展电路

6. 2. 6　状态监控电路接口

6.2.6.1　系统复位

系统设计了两种复位方式，即通过命令实现远程软件复位；同时加复位按钮引至前面板实现现场复位（硬件复位方式）。

6.2.6.2　交流电源控制

系统设计了交流电源的远程控制功能。利用 P2.7 口控制电源板上的固态电子开关。该电子开关由可控硅构成，电子开关处常闭状态，只有当 P2.7 有效（P2.7 = 0 经反相器驱动电子开关平）时，开关才断开，以切断交流电。如图 6.4 所示。

6.2.6.3　外部交流供电状态指示

外部交流电经变压器降压、整流为直流电压（18～22V），再经分压后驱动指示灯，当交流市电故障或内部控制关断时，该指示灯熄灭。

具体见图 6.5。

6.2.6.4　直流电瓶电压监测

模拟通道的第 4 道用于监测直流电瓶电压，当直流电压过低（低于 10V）时，可自动发出报警信号，通知维护人员处理。

6.2.6.4　AD 通道的内部校准

模拟通道的第 3 道用于监测内部已知的标准直流电压（2.43V 左右），若测得标准电压不等于 2.43V，可启动内部校准电路。若校准后数据仍不等于 2.43V，则系统复位，或报警通知维护人员处理。

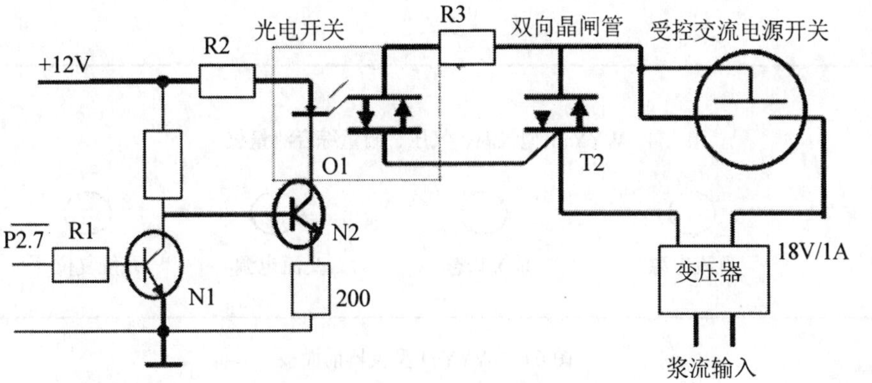

图 6.4　交流程控开关电路

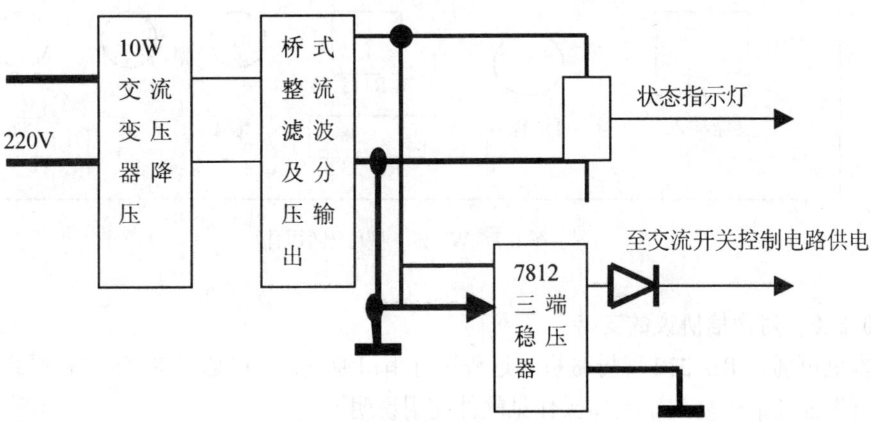

图 6.5　交流供电监测电路

6.3　WYY-1 型气象观测仪器使用简介

6.3.1　仪器外部结构

主机机箱采用 19 英寸标准机箱便于统一上架。

前面板如图 6.6 所示，为三个指示灯显示和一个复位按钮，其中系统状态指示用绿色指示灯，每秒闪烁一次，表示系统监控程序运行正常；直流电源指示和交流电源指示用红色指示灯，供电正常时该灯亮，供电异常时灯灭。交直流状态指示一律采用红色指示灯，当插座上无电时红灯亮，供电正常时灯灭。复位按钮提供现场复位功能。

后面板如图 6.7 所示。提供交直流电源输入插座、RS-232、RJ45 及气温、气压、雨量传感器输入接口。

RS-232 座为 9 针 D 型标准插座，RJ45 为标准网络接口，气温、气压传感器采用 5 芯航空插座，雨量为 3 芯插座。

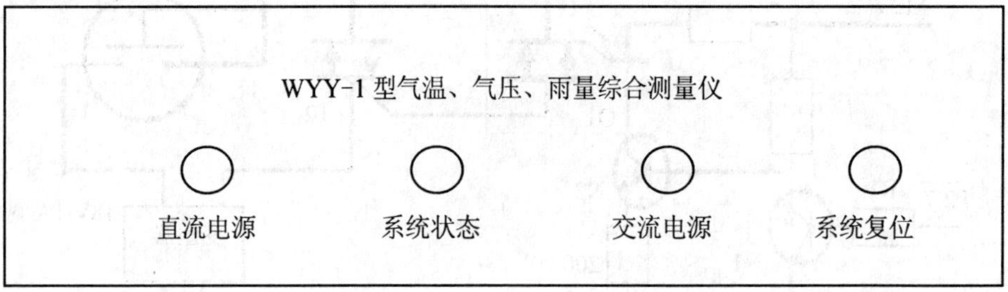

图 6.6　WYY-1 型仪器前面板

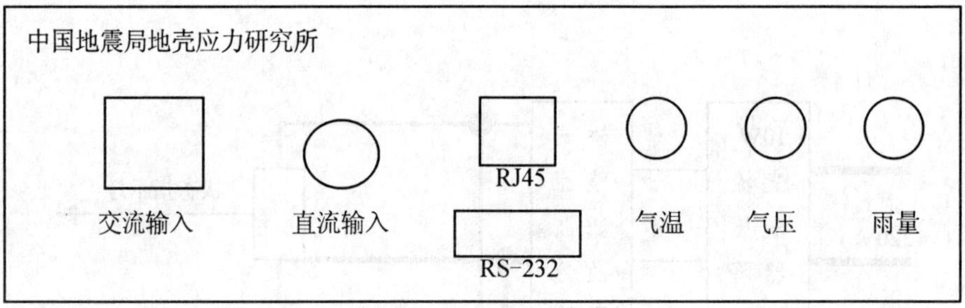

图 6.7　WYY-1 型仪器后面板

6.3.2　对通信协议的支持

本机可通过 RS-232 现场微机或远程进行串口通信，也可通过 RJ45 进行网络通信，支持“九五”前兆通信协议。具体操作见软件使用说明。

6.3.2.1　测项代码和分项代码

气象三要素的测项代码为 9100，分项代码分别为：

气温：9110；

气压：9130；

雨量：9140；

台站代码默认值为 B47001，已固化到芯片内部。

6.3.2.2　串口通信

支持如下前兆通信协议的命令集：

(1) 收集昨天的分钟值数据；

(2) 收集今天的分钟值数据；

(3) 收集任意天的分钟值数据（31 天之内）；

(4) 时钟管理，包括对时和收时钟；

(5) 连续采集某通道；

(6) 收集传感器格值；

(7) 修改传感器格值。

6.3.2.3　网络通信

仪器的 IP 地址可通过软件设置和修改。

基本功能包括 Web 服务和客户端专用软件访问。

(1) Web 服务功能。

通过可实现如下功能：

状态信息：包括内部参数、系统时钟、当前测值等；

数据下载：可下载最新 30 天数据和日志文件；

设备控制及参数修改：可远程对时、程控复位、交流源控制、参数修改等。

(2) 支持客户端的命令访问功能。

在互联网支持下，客户端专用软件实现数据收集、控制等（见软件使用说明书）。客户端软件支持“十五”地震前兆网络接口规程。具体命令集用户可以直接查阅“十五”地震前兆网络接口规程文本。

通过认证方式由通用浏览器可直接访问的仪器主页，图 6.8 所示为仪器主页界面，图 6.9 所示为专用网络通信软件的接口界面。

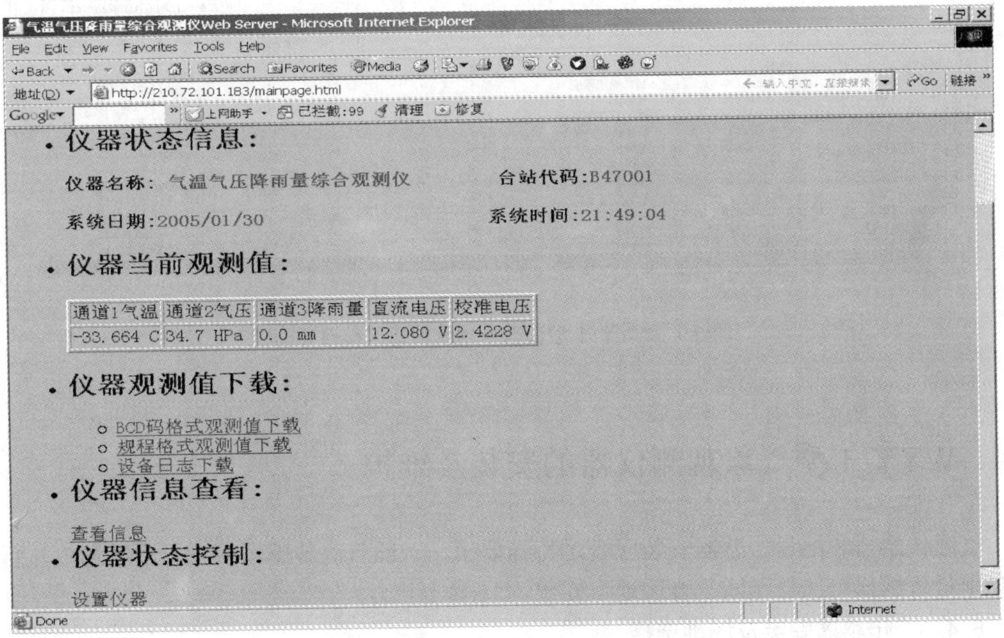

图 6.8　WYY-1 型仪器主页界面

6.3.3　监控功能

6.3.3.1　监测功能

(1) 交流状态监测，通过端口读取交流状态判断交流供电的有无；

(2) 直流供电监测，直流 12V 通过分压器接入通道 4 进行监测，当交流断开时外接电瓶可自动供电，并获得外部电瓶的电压，提醒维护人员对电瓶进行维护；

(3) AD 通道校准检测，通过通道 3 对机内已知标准电压 2.43V 测量并比较判断。

6.3.3.2　控制功能

(1) 可接收远程复位命令；

(2) 通过命令实现交流电源的程控；

(3) 通过命令实现 AD 通道校准。

软件操作步骤详见软件使用说明书。

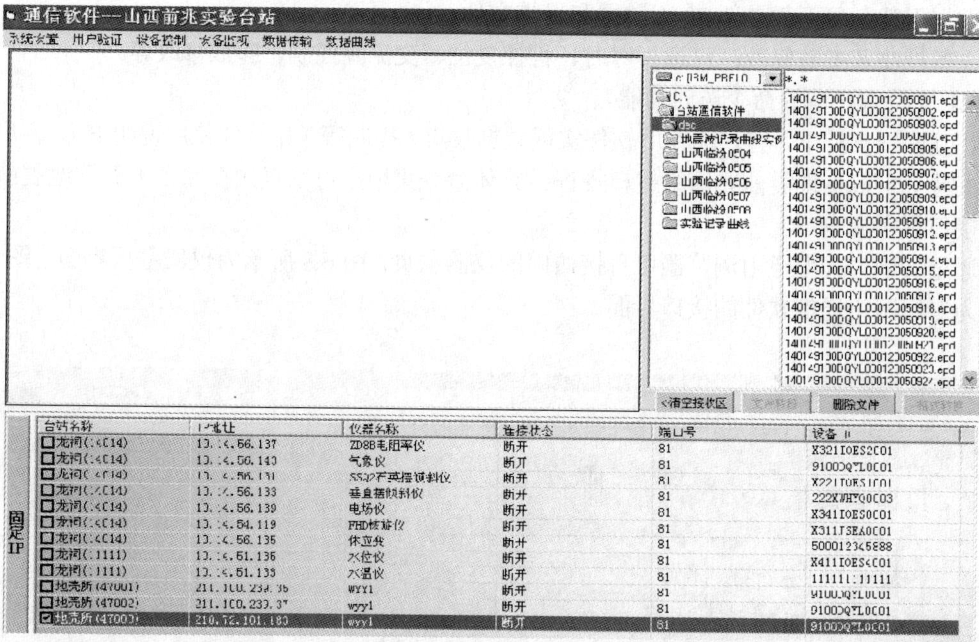

图 6.9　WYY-1 型仪器专用软件通信接口界面

6.4　WYY-1 型气象观测仪器的安装及维护

气温传感器和雨量传感器安装应满足特殊要求，一般气温传感器应置于百叶箱内，百叶箱和雨量传感器可选择在同一合适地点安放。

6.4.1　传感器安装及场地选择

6.4.1.1　场地选择

场地选择应注意以下几点。

(1) 场地选择应在开阔地带，周围无高大建筑物遮挡，保证雨量桶能够正常收集降雨；

(2) 地面以草坪为宜，避免水泥地面的温度影响；

(3) 安置雨量桶的水泥墩外型为圆柱体或立方体均可，高度以 50cm 为宜；

(4) 外部护栏高度不要超过 50cm，以美观、与环境协调为宜；

(5) 雨量桶应水平放置，安装时可用水平尺校准；

(6) 传感器引线电缆标准配置 50m，安装时应以加套管地埋，电缆不得随意加长。

场地结构可参考图 6.10。

6.4.1.2　温度传感器安装

温度传感器的不同安装反映不同的测量要求，气象学一般要求测近地面气温、不同深度的土壤温度、海面及湖面温度、高空气温等。作为地震前兆台站的辅助观测项目，主要是测量近地面气温。此时温度传感器应按如下要求安装：

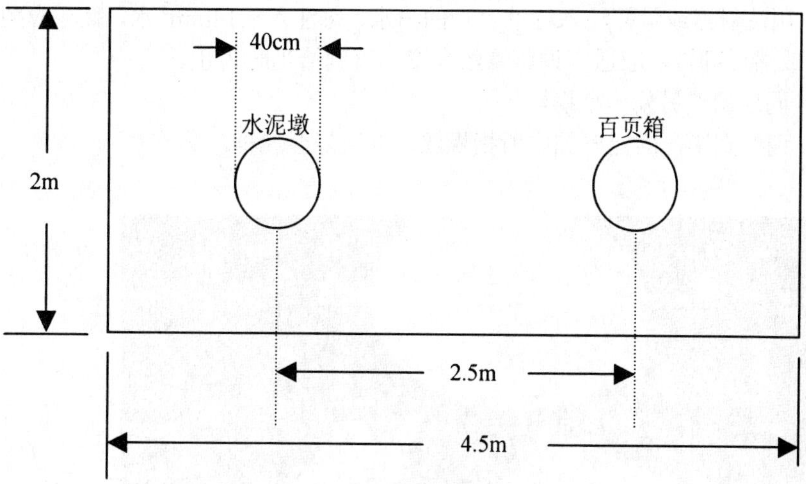

图 6.10　气象传感器安装场地图

(1) 气温传感器应置于自然通风的百叶箱内，并不得与四壁接触。百叶箱内保证温度尽可能均匀并与外界气温一致，百叶箱必须能够隔绝辐射热和降水。

(2) 百叶箱应采用气象部门的标准尺寸结构，一般百叶箱底板由交错的木板制成，顶板应是双层的，两层之间有供通风的空间。百叶箱的大小应既能保持其热容量尽可能的低，又使得仪器与四壁之间有足够的空间。

(3) 气温传感器安装高度以地面以上 1.25～2m 为宜，百叶箱应直接暴露在太阳和风中，不得安置在陡坡、凹地处，并避免受树木、建筑物和其他障碍物的遮挡。

(4) 百叶箱一般采用木制或塑料，上表面用白色油漆保护，一般每年重新粉刷一次。支架采用刚性材料。

(5) 百叶箱地面最好为草坪，至少应当是当地的自然地面。

6.4.1.3　雨量计安装

雨量计主要用来观测地震前兆台站附近的降雨量，对降雪或雨加雪等降水的测量可能存在较大测量误差。为了保证降雨量的测量准确度，必须注意以下事项：

(1) 安装高度。

受以下几个因素影响：最大积雪深度、地面反溅雨水可能达到的高度。为了避免上述影响，一般应使安装底座高度在 20～50cm 为宜。

(2) 雨量桶应水平放置，安装时可用水平尺校准；雨量桶采用直径 10mm 的膨胀螺栓固定。膨胀螺栓定位在直径为 274mm 的圆周上，呈等边三角形分布。由于没经过严格校准，三只脚的角度可能不是很严格的 120 度。但是三只脚的方位可调整（参考图 6.11）。

(3) 雨量传感器引线应加套管埋地，长度以不超过 50m 为宜。

(4) 雨量传感器的标定。

在雨量桶水平放置前提下，按如下标定步骤进行：

（a）如图 6.11 所示，首先松开固定的皮筋和螺丝；

（b）调整两个螺丝的高度可以改变翻斗的容积；

（c）用注射器或量杯注入标准容积的清水，每注入 3.14mm^3 水，翻斗应翻转一次。如果翻斗提前或滞后翻转，应适当调整螺丝高度，直到恰当时为止。

（d）同理调整另外一个螺丝。

（e）调整完毕，固定好图中所指螺丝，并装好金属桶。

图 6.11　雨量桶底座结构图

6.4.1.4　安装注意事项

雨量传感器测量误差的来源有以下几点，安装时应尽可能避免。

(1) 受水口上方的风场影响；

(2) 集水器内壁的影响；

(3) 蒸发的影响（主要是炎热地区）；

(4) 雨水溅入或溅出的影响；

(5) 仪器本身误差等。

6.4.1.5　气压传感器安装

气压传感器安装较方便，可以放在主机上方或挂在墙上，也可以直接放在机箱内部。

6.4.2　仪器主机 IP 地址的恢复与修改

仪器主机的 IP 地址在出厂时为固定值：211.100.239.35，调试运行中可以通过浏览器或专用软件进行修改。

当用户由于误操作造成 IP 地址被错误修改从而无法通信时，用户可通过内部跳针 JP23

将 IP 地址恢复到出厂值。具体操作步骤如下：

① 切断主机电源后打开机箱盖板；

② 找到跳针 JP23，并将跳线器的 1～2 脚连接；

③ 打开电源，待系统进入正常运行状态后，通过浏览器浏览仪器出厂时的 IP 地址，再通过 IP 地址修改命令将所分配的地址送给主机；

④ 将 JP23 恢复到初始位置，盖好机箱盖板即可。

6.4.3 常见故障处理

故障现象	处理方法	备注
直流电源指示灯不亮	检查交、直流供电是否正常，若供电都正常，说明主机板有问题，应与厂家联系或返修	
交流指示灯不亮，其他指示灯正常	若交流未供电或交流程控开关是断开的，则属正常现象；否则，交流程控开关有问题	
状态指示灯不闪烁	监控软件死机或主控电路未正常工作，按前面板复位键可恢复正常；否则应立即返修	
气温测量结果误差过大	检查气温传感器供电电压和输出信号电压，若传感器本身输出不正常，应更换传感器；若传感器本身是正常的，则故障出在主机，应与厂家联系或返修	
气压测量结果误差过大	检查气压传感器供电电压和输出信号电压，若传感器本身输出不正常，应更换传感器；若传感器本身是正常的，则故障出在主机，应返修	
雨量读数恒为 0	手动操作雨量桶内部的翻斗，翻斗每动作 1 次，雨量读数应加 1。若翻斗动作，而雨量读数不变，则应检查接口连接线；若雨量读数相应动作，则雨量桶本身工作不正常，应与厂家联系	
网口通信不正常	检查连接电缆的两端接口，若肯定接口连接是正常的，则检查 IP 地址配置或恢复初始参数配置；仍不能通信须与厂家联系	
由于雷击造成的综合性故障	雷击造成的故障一般比较复杂，往往是多处故障复合在一起，应及时与厂家联系	
IP 地址丢失	利用跳线器 JP23 恢复出厂时的 IP 地址（具体操作详见仪器使用说明书 P13）	

7 数字化地震观测台站的运行维护

我国地震台站经过数字化、综合化、自动化技术改造后以全新的面貌展现在世人面前，为地震预报和地震科学研究做出了重要贡献。为了产出稳定可靠连续的监测资料，保证地震观测台站的正常运行是至关重要的。数字化地震观测台站运行维护实质是观测技术系统的维护，是一项非常重要的细致的工作，必须引起足够的重视。数字化地震观测台站的运行维护通常分为日常维护和定期维护。为了做好运行维护，必须掌握数字化地震台站运行中的日常维护与定期维护的主要内容和要求，会使用简单维修设备工具进行故障的初步分析处理，以保证地震台站的正常运行。

7.1 几种常用的维修设备工具

7.1.1 数字万用表

数字万用表又称数字繁用表、数字多用表，其基本功能包括数字电压表、数字电流表和数字欧姆表，是地震观测台站必备的测试工具，也是最常用的测量仪表。认真掌握它的使用方法有利于及时排除故障，恢复系统的正常工作。

随着生产技术的发展和应用领域的拓宽，数字万用表明显向两个方向发展，一是小型、廉价、使用方便、准确快速的普通表（低、中级表），以3½～5½位数字表为代表；二是高精度、高分辨率、多功能的高级表，通常为 6½位以上的数字表。地震观测台站为了适用和携带方便，配备 4½位数字表为好。

7.1.1.1 数字万用表基本工作原理

数字万用表是利用模拟－数字（A/D）转换电路，将输入的电压以数字形式显示出来，并输出相应的数字信号的一种测量用器，具有精度高、速度快、抗干扰能力强、便于读数和数字输出等优点。数字万用表泛指可以测量：直流电压、电流，交流电压、电流，电阻、电容、电导，半导体二极管、三极管，有的还可以测量频率、电感、温度，检查线路通断等。

根据数字万用表实现模拟－数字转换的原理，可以分为逐次逼近比较型、斜坡式电压－时间型、双积分型、脉冲调宽型、复合型多种。

(1) 逐次逼近比较型：比较型是将被测电压与已知的基准电压进行比较，从比较结果中得知被测电压值。逐次逼近比较型又称反馈比较型，在控制电路的作用下，如同用天平来称量物体的重量，将被测电压与基准电压砝码相比较，由高位到低位逐次加码比较，大者弃，小者留，逐次逼近。最后所留基准电压砝码的积累总和近似等于被测电压的大小。这类数字表测量速度快，精度高，但电路比较复杂，抗干扰能力差。

(2) 斜坡式电压－时间型：电压－时间型将被测电压转换成比例的时间间隔，再用电子计数器来测量这一时间间隔，从而得知被测电压值。斜坡式电压－时间变换型是通过对输入电压和随时间呈线性变化的斜坡式电压进行比较，把被测电压按一定比例转换成时间间隔，然后用电子计数器计出在此时间间隔内的脉冲，即表示被测电压值。这种电路比较简单，成本较低。

(3) 双积分型：又称双斜型，是借助积分器的两次积分过程，将被测电压变换为与其平均值成正比的时间间隔，然后由脉冲发生器电路和接收器电路计出在此段时间间隔内的钟形脉冲数，表示被测电压值。这种电路抗干扰能力强、准确度高、稳定性好，普遍采用。

(4) 脉冲调宽型：也是积分型的一种，是将被测电压准确地调制成为脉冲的宽度，然后对正负脉冲宽度进行计数得到被测电压值。这种电路准确度高，可抑制工频干扰和过零干扰，非线性误差小。

(5) 复合型：运用两种以上的转换原理综合组成的，利用各种原理，扬长避短。例如两次采样电感分压式复合型，其第一次采样使用了逐次逼近原理，第二次采样使用了双积分技术。这种数字电压表测量精度高、性能好，多用于精密测量，但成本比较高。

7.1.1.2　*数字万用表基本使用方法*

对于一般的数字万用表而言，除测试功能、测量范围、测量精度（读数位数）等有些差异外，基本测试方法和应用范围是相同的，因此，掌握其共性的内容，便可以从容使用各类数字万用表。

熟悉数字万用表的面板装置与符号对于正确使用该表是很有帮助的。一般数字万用表面板上具有的控制装置有电源开关、测量项目和量程选择开关、数据保持按键、峰值保持按钮、晶体管测试插座、电容测试插座、温度测试热电偶插座、测试插孔、显示器等。

(1) 电源开关：有按键式和拨动式之分，使用时可按标示的状态按动或拨动并注视显示屏的显示。

(2) 测量项目和量程选择开关：开关有一个的或两个的（组合），有按键式的和旋转式的，使用时，注意其标示。测量项目符号有“DCV”（直流电压）档、“ACV”（交流电压）档、“DCA”（直流电流）档、“ACA”（交流电流）档、“Ω”或“OHM”或“Oh”（电阻）档、“HΩ”（高阻）档、“LΩ”（低阻）档、“LOΩ”“LOWΩ”或“HOM”或“OHM”或“LOV”（低功率法测电阻）档、“S”（电导）档、“·)))”（蜂鸣器）档、“▲”（二极管）档、“Cx”或“CAP”（电容）档、“F”或“*f*”或“FREQ”或“kHz”（频率）档、“T”或“TEMP”（温度）档、“h_{FE}（NPN、PNP）”（NPN 或 PNP 晶体管 h_{FE}）档。

(3) 测试插孔：有“COM”插孔，是模拟电路公用地端插孔，接黑色表笔。还有“V”插孔、“Ω”插孔、“mA”插孔、“A”插孔、“h_{FE} ”插孔、“Cx”或“CAP”插孔、“Hz”插孔等，分别进行电压、电阻、电流、三极管、电容、频率等测量用插孔。

(4) 读数保持（HOLD 或 HDH 或 DADT HOLD 或 HLDR）键：按下能使正在显示的数据保持在显示屏上（即使输入信号有变化或消除，显示屏上数据不变）。

(5) 峰值（最大值）保持（PK 或 PK HOLD）键：按下此键可保持测量过程中的最大读数，再按一次又可对新的最大读数进行保持。适用于测量最高电压、最大电流、最高温度、电机启动电流等。

(6) 显示屏：显示屏的显示位数有多种，视表的档次而不同；字高也视显示屏大小而有差别。显示的功能标志符有测量单位符号，如 mV、V、kV、μA、mA、A、Ω、kΩ、MΩ、S、kHz、pF、nF、μF 等；测量项目符号，如 AC、DC、LOQ、MEM 等；特殊符号，如低电压符号 LOBAT、读数保持 H、自动测量符号 AUTO、10 倍乘符号×10、蜂鸣器符号·)))等。

7.1.1.3 数字万用表使用注意事项

数字万用表使用时应注意表内电池电压是否不足，打开电源开关，看显示屏有无电池低电压显示符号，若有，需更换新电池，以保证测量的准确性。测试之前，须将测量项目和测量量程选择开关置于测试所需档位，注意表笔插孔旁边标示的不允许超过的最大值的提示。

测量电压时，如果不知道被测电压的大小，应先将量程开关置于最大量程，然后根据显示屏显示情况降至合适量程；当显示屏只显示“1”，表示过量程，必须将量程开关置于更高量程。在测量高电压时，要注意人身安全，格外小心避免触电。

测量电流时，表笔应串入电路中使用。黑色表笔插入“COM”插孔，红色表笔根据测量电流大小插到“mA”或“A”（有的是“20A”）的插孔上。如果不知道被测电流的大小，应先将量程开关置于最大量程，然后根据显示屏显示情况降至合适量程，过量的电流将会烧毁保险丝，注意及时更换；当显示屏只显示“1”，表示过量程，必须将量程开关置于更高量程。测量直流电流时，显示屏显示的是红色表笔的极性。

测量电阻时，如果被测电阻值超出所选量程的最大值，显示屏将显示过量程“1”，这时应将量程开关置于更高量程。当无输入开路时，显示屏亦显示“1”。对于测量 1MΩ 以上的电阻，读数要经过几秒钟后，才能稳定，这是正常的。如果检查线路内部阻抗时，要保证被测线路所有电源已经断开，以免损坏数字万用表。

测试电容时，将电容直接插入“Cx”插孔或“CAP”插孔中，读取显示读数即可。每次转换量程时，需要复零时间，有漂移读数存在，但不会影响测试精度。电容测试过程不用考虑电容极性和电容充放电等情况，因为数字万用表本身已对电容采取了保护措施。注意测量大电容时，读数稳定需要一定时间。

二极管测试，将黑色表笔插入“COM”插孔，红色表笔插入“Ω”或“V/Ω”插孔（注意红表笔极性为“＋”），功能开关置于二极管档，并将表笔连接到待测二极管，这时显示屏的读数为二极管的正向压降近似值。

晶体管 h_{FE} 测试，首先量程开关置于 h_{FE} 档，然后将晶体管按 PNP、NPN 分类，按 e、b、c 分别插入相应的插孔中，注意不要弄错晶体管的分类和管脚名称，从显示屏读取 h_{FE} 的近似值。

频率测试，首先量程开关置于 “kHz”档、然后将表笔或屏蔽电缆插入“COM”插孔和“f”或“V/Ω”插孔，并跨接在被测信号源上。然后从显示屏上读取被测信号的频率数。

除上述测量注意事项外，还应注意如下几点：

① 数字万用表应避免强烈撞击，以免损坏外壳和内部零件。

② 不要在功能开关置于电阻档时，将电压源接入，以防损坏内部元器件。

③ 量程转换时，应使表笔与电路断开，避免损坏仪表。

④ 在未接好电池前，不要使用仪表；更换电池或保险丝时，要用新的同规格的电池和保险丝，同时，应切断电源并移出表笔，更换时注意电池极性，以免烧坏内部器件。

7.1.2 示波器

示波器是一种用途十分广泛的电子测量仪器，它能把人的肉眼看不见的电信号变换成可以看得见的图像，方便人们研究它的各种电现象的变化过程。示波器是利用狭窄的、由高速电子组成的电子束，打在涂有荧光物质的屏幕上，可以产生细小的光点。在被测信号的作用下，电子束就好像一支笔的笔尖，在屏幕上描绘出被测信号的瞬时值的变化曲线。利用示波器这种性能可以观察各种不同信号幅度随时间变化的波形曲线，由此，可以用它测试各种不同的电量，如电压、电流、频率、相位差、调幅度等等。

7.1.2.1 示波器基本工作原理

一般的示波器由五个基本部分组成：显示电路、垂直（Y 轴）放大器、水平（X 轴）放大器、扫描与同步电路、电源供给电路。后来发展的示波器，如数字示波器，还有数字、存储、处理等方面的电路。

将被测的信号电压加在 Y 轴上，而将一种随时间线性变化的电压（如锯齿波电压）加到 X 轴上，当被测信号电压的频率等于锯齿波扫描电压的频率，则荧光屏上将出现一个周期的被测信号电压随时间变化的波形曲线。若被测信号电压的频率等于锯齿波扫描电压频率的整数倍数时，则荧光屏上将显示出周期为整数的被测信号电压随时间变化的稳定波形曲线。要使荧光屏上的图形稳定，被测信号电压的频率应与锯齿波电压的频率保持整数比的关系，即同步关系。因此，为了更好地观察、研究、测量被测信号，示波器设计了同步电路（装置）和适时配合被测信号的扫描过程的触发电路，以便得到稳定可视的波形曲线。

在电子实践技术过程中，常常需要同时观察两种或两种以上信号随时间变化的过程，并对这些不同信号进行各项电参数的测试和比较，相应出现了双线或多线和双踪或多踪的示波器。

7.1.2.2 示波器基本使用方法

示波器虽然分好几类，各类又有许多型号，但是，一般的示波器除频带宽度、输入灵敏度等不完全相同外，在其基本使用方法方面都是相同的。

示波器的面板装置是比较复杂的，为了能正确使用示波器，必须熟悉和了解。示波器面板装置按其位置和功能通常可分为三大部分：主机、垂直（Y）轴、水平（X）轴。

(1) 主机部分。

① 电源开关和指示灯。

② 辉度旋钮（☼），调节光点或图形的亮度。

③ 聚焦（⊙）和辅助聚焦（○）旋钮，这两个旋钮的配合调节，可使光点细小圆亮或显示的亮线窄细清晰。

④ 标尺亮度（⊕）旋钮，调节荧光屏前座标片上刻度线的亮度。

⑤ 寻迹按键，又称光迹位置按键。按下此键，能使偏离的光点压缩到屏幕中间，便于判断光点偏离方向。

⑥ 校准信号输出插座和开关，一般示波器都具有方波校准信号输出插座，输出 1kHz、1V 的校准方波。当加到 Y 轴输入端，用于校准 Y 轴输入灵敏度和 X 轴扫描灵敏度。

(2) 垂直部分。

① Y 轴移位（↑↓）旋钮，调节屏幕上光点或图形的上下位置。

② Y 轴输入插座，Y 轴信号由此插座输入。

③ Y 轴灵敏度选择 V/div 开关、Y 轴衰减开关、Y 轴灵敏度倍率开关，运用这三个开关可以使输入的不同幅度的被测信号能够在屏幕上正确显示出满意的图形。

④ Y 轴灵敏度微调旋钮、Y 轴增幅旋钮，这两个旋钮用于连续调节 Y 轴方向信号的幅

度，将微调旋钮顺时针旋到底为校准位置。此时 V/div 档级的标称值，即为示波器 Y 轴方向的输入灵敏度。

⑤ Y 轴输入耦合方式选择开关 DC-地-AC 开关，DC 档为直流耦合状态，用于观察含有直流分量的输入信号或各种慢变化的信号；AC 档为交流耦合状态，有隔直流分量作用；地档用于零电平时，光迹在屏幕上的基准位置。

⑥ Y 轴直流平衡电位器，使 Y 轴输入电路中的直流电平保持平衡状态的调节装置。

⑦ Y 轴增益校准电位器，用于校准 Y 轴灵敏度。

⑧ 显示方式开关， 具有“交替”、“断续”、“Y_A”、“Y_B”、“A＋B”五档，可供显示选择使用。

⑨ Y_A 通道极性转换（“极性－拉”）开关，使 Y_A 通道为倒相显示。

⑩ 触发源选择“内触发－拉 Y_B”开关，选择触发信号，用于输入信号的比较和分析。

(3) 水平部分。

① X 轴移位（←→）旋钮，调节屏幕上光点或图形的左右位置。

② X 轴扫速选择 t/div 开关、X 轴选择（或衰减）开关、扫速扩展“扩展-拉×10”开关，根据被测信号的频率高低和测试要求选择使用这三个开关，使屏幕上正确显示出满意的图形。

③ X 轴扫速微调旋钮、X 轴增益旋钮，这两个旋钮用于连续调节 X 轴方向的扫描速度，将微调旋钮顺时针旋到底为校准位置。此时 t/div 档级的标称值，即为示波器 X 轴方向的扫描速度。

④ 扫速校准电位器，用于校准扫描速度（即 X 轴放大电路增益）。

⑤ 触发电平旋钮，用于调节开始扫描的时间，决定扫描在触发信号波形的哪一点上被触发。

⑥ 触发（或整步）增益旋钮和触发“灵敏－常态”开关，用于调节触发信号幅度，使屏幕上显示稳定的波形。

⑦ 稳定度电位器，用于改变扫描电路的工作状态，在屏幕上获得稳定的波形。

⑧ 触发信号极性开关，通常有＋、－两档，用于选择触发信号的上升或下降部分来触发扫描电路。

⑨ 触发信号源选择开关，通常有内、外两档，可供选用内部或来自外部的触发信号。

⑩ 触发耦合方式开关，该开关一般有 DC、AC、AC（H）三档。“DC”档是直流耦合状态、“AC”档是交流耦合状态、“AC（H）”是抑制低频的交流耦合状态，可以避免波形的晃动。

⑪ 触发耦合方式选择“高频、常态、自动”开关，共分三档。各档的应用都是为了获得稳定波形，便于观察和分析波形。

⑫ 扫描工作状态“单次，常态”选择开关，供观察波形为单次瞬变信号或是幅度、波形、时间、周期都是变化的信号使用。

⑬“外触发·X 外接”插座，用于连接外接信号。

在熟悉上述装置功能后，使用示波器前，还要依据所要测量的电参数（电压、时间、频率、相位差、调幅度等），以及被观察和测量的信号其幅度、变化速率等情况作如下选择：首先，选择 Y 轴耦合方式和 Y 轴灵敏度；接着选择触发（或同步）信号来源与极性、选择扫描速度；然后输入被测信号，缓慢调节触发电平（或同步）旋钮，使屏幕上显示稳定的波形，还可根据观察需要，适当调节电平旋钮，以显示相应起始位置的波形。

如果使用双踪或多踪示波器时，还要选择显示方式、触发源等相关操作。详细操作过程见示波器的使用手册。

7.1.2.3 示波器使用注意事项

示波器在使用过程中，由于对示波器的工作原理不甚理解和对示波器面板控制装置的作用不熟悉，常常出现由于调节不当而造成异常现象。因此，当出现异常时，首先应检查使用方法是否得当。现将有关注意事项列下：

(1) 荧光屏没有光点或波形。

应检查电源是否接通、辉度旋钮位置、X 轴和 Y 轴移位旋钮以及 Y 轴平衡电位器的位置。

(2) 水平方向展不开。

应注意触发源选择开关、X 轴选择开关、双踪（或多踪）示波器通道的位置，同时，应注意电平旋钮和稳定度电位器调节情况。

(3) 垂直方向无展示。

应检查输入信号高低电位端是否接反、输入耦合方式和 V/div 开关位置。

(4) 波形不稳定。

检查触发耦合方式开关、触发耦合方式选择“高频、常态、自动”开关所置的位置，注意调节稳定度电位器，个别示波器扫描处于自动档（连续扫描）时，波形不稳定。

(5) 垂直线条密集或呈现一矩形、水平线条密集或呈现一条倾斜水平线。

注意 t/div 开关选择的位置。

(6) 垂直方向的电压读数不准。

检查 Y 轴灵敏度是否校准、被测信号频率是否超过示波器最高使用频率、注意测量时灵敏度微调旋钮不要移动、当使用衰减探头时不要忘记倍乘、测得的是峰－峰值，正弦有效值要换算求得。

(7) 水平方向的读数不准。

检查 X 轴灵敏度是否校准、注意测量时灵敏度微调旋钮不要移动、当使用扫描扩展开关时不要忘记倍乘。

(8) 交直流叠加信号的直流电压值分辨不清。

应注意 Y 轴耦合选择开关置于 DC 档、进行直流电平参考点校正、Y 轴平衡电位器的调整。

(9) 波形调不到要求的起始时间和部位。

应注意将触发方式开关置于常态档、调整稳定度电位器、触发极性（＋、－）与触发电平配合调整。

7.1.3 数字式频率计

数字式频率计又叫电子计数器，是一种多功能的电子测量仪器。它可以测量频率、频率比、周期、时间间隔以及累计输入信号的脉冲个数。

随着地震台站各种设备的数字化、自动化，数字式频率计的应用逐步增多，特别是维护和修理数字化仪器设备时，将会帮助尽快判断和找出故障，及时排除。

7.1.3.1 频率计基本工作原理

频率计由输入电路、计数显示电路、标准时间信号形成电路、控制电路和电源电路五大部分组成。它是建立在对脉冲的计数能力上，而进行频率、周期、时间间隔等等的测量。

输入电路又称输入通道，是接受被测信号（或控制信号），并对它进行放大和整形，然后送往闸门（或控制电路）。输入通道包括A、B、C三个独立通道。每个通道分别由衰减器、放大和整形电路等组成。凡是需要计数的外加信号均经过A通道输入；B输入通道专供单线输入使用；C通道仅供双线输入时控制主闸门的关闭之用。

计数显示电路对来自闸门的脉冲进行计数，并将计数结果以数字形式显示出来。计数显示电路包括计数、记忆和显示等电路。采用十进制计数电路。

标准时间信号形成电路是频率计保证精度的重要组件。频率计是用比较法进行测量的，将被测信号与一系列标准时间信号进行比较，因此，要求标准时间信号高精度而且要多组输出。标准时间信号形成电路由晶体振荡器、分频器、倍频器以及时基选择电路（时标选择和闸门时间选择）等组成。

控制电路是发出各种控制信号控制和协调频率计各单元电路的工作。一般频率计每进行一次测量总要经过：准备-测量-显示-复原等过程。所有的动作过程都是在控制电路的统一控制下进行的。控制电路实际上是一个脉冲组合电路，通常由双稳电路、单稳电路等构成，包括门控电路、工作方式选择电路、记忆、显示时间及复原控制电路等。

频率计的电源电路是根据频率计测量过程设计成整机电源和晶体振荡器、恒温槽电源分开的，这样做的好处是恒温槽在预热时，整机可以不工作，而当外接标准频率信号时，振荡器恒温槽的电源被切断，可以节省能源。

7.1.3.2 频率计基本使用方法

(1) 熟悉频率计面板上的控制装置，将有利于方便使用和得到正确的测量结果。相关装置因不同的频率计略有不同，通常有：

① 显示方式兼电源开关，有记忆、不记忆、电源开关三档，负责电源的开和关、计数器按记忆或不记忆方式显示。

② 时标选择开关，有0.1μs、1μs、10μs、0.1ms、1ms五档时标供选择。

③ 倍乘兼闸门时间选择开关，有1ms、10ms、0.1s、1s、10s五档闸门时间（即时间基准）供选择，这个开关还兼测量周期和频率比时的倍乘率选择开关，有1、10、100、1000、10000五种倍率供选择。

④ 工作方式选择开关，有八种测试功能可供选择，它们分别是计数A、A/B→C、频率A/B、自校、频率A、时间B→C、时间B、周期B。

⑤ A、B、C输入端，A输入端输入的正弦信号频率范围10Hz～10MHz，还可输入脉冲波；B、C输入端的输入波形为正弦波或方波，频率范围1Hz～1MHz。

⑥ 输入衰减开关和旋钮，A输入端有输入衰减开关，B、C输入端则有衰减调节旋钮。

⑦ ＋、－选择开关，B、C输入端有＋、－选择开关，可选择上升沿或下降沿触发。

⑧ 显示时间旋钮，可调节的显示时间范围在0.5～∞之间。

⑨ 人工复零按钮，当显示时间为∞时，只有按复零按钮才能复原，开始下一次测量。

⑩ 闸门指示，灯亮表示主闸门打开，灯灭表示主闸门关闭。

⑪ 晶体指示，灯亮表示晶体振荡器电源接通，灯灭表示该电源关闭。

⑫ 输入电平（A）指示，指示输入A通道信号幅度的大小。

⑬ 停止－计数选择开关，当工作方式选择开关置于计数A档时，由此开关控制计数的

起始和终止时间。

(2) 有关测项的测量方法。

① 测量频率。

将被测信号从 A 输入端送入，工作方式开关置于频率 A 位置，根据被测信号幅度的大小，调节衰减开关，选择闸门时间，即可直接读出所测频率值。

② 测量时间间隔（单线输入）。

测量两相邻脉冲之间的时间间隔时，工作方式开关置于时间 B 档，被测信号从 B 输入端送入，极性开关置于所需极性，选择适当时标，即可直接读数。

③ 测量时间间隔（双线输入）。

测量两个不同信号之间的时间间隔时，工作方式开关置于时间 B→C 档，启动信号从 B 输入端送入，停止信号从 C 输入端送入，极性开关置于所需极性，选择适当时标，即可直接读数。

④ 测量周期。

测量信号周期时，工作方式开关置于周期 B 档，被测信号从 B 输入端送入，适当调节倍乘（即闸门时间）开关，选择适当时标，即可直接读数。

⑤ 测量频率比。

测量两个信号的频率比时，工作方式开关置于频率 A/B 档，频率较高的信号从 A 输入端送入，频率较低的信号从 B 输入端送入，适当调节倍乘，即可得到频率比（F_A/F_B）读数。

⑥ 外控时间间隔计数。

在外控时间间隔里进行计数时，工作方式开关置于 A/B→C 档，时间间隔的起始脉冲信号从 B 输入端送入，停止脉冲信号从 C 输入端送入，在这个时间间隔里仪器的读数即为累计 A 输入端输入信号的个数。

⑦ 计数。

在对输入信号进行逐个累计计数时，工作方式开关置于计数 A，被测信号由 A 输入端送入，通过停止－计数选择开关控制计数或停止计数，由闸门指示灯指示出来。

⑧ 标准信号输出（在仪器后面板输出）。

从仪器后面板标准频率输出口输出 1MHz 和 10MHz 的正弦信号，有效值约 0.5V。

⑨ 有些频率计设有标频输入端，可外接标准频率提高测量精度。

7.1.3.3 频率计使用注意事项

频率计与一般测量仪器不同，当需要精密测量时，应该先接通晶体振荡器电源，对恒温槽预热（通常 1 小时以上）。为了保证准确测量，每次使用前应将工作方式开关置于“自校”档，对时基系统、门电路和计数器进行自校检查。

使用显示时间旋钮可调节显示时间，在 0.5～10s 内是连续可调的，继续调节该旋钮，显示时间由短变长，如旋至端点∞时，只有按复零按钮才能复原，开始下一次测量。当测量频率时，应注意闸门时间的选取，闸门时间越短，读数为瞬时频率，闸门时间越长读数为平均值。

当测量时间间隔使用时标选择开关时，应根据对读数精细要求，即读数有效位多少来选择。测试时应注意，当被测脉冲之间夹有寄生脉冲时，将会代替被测脉冲启闭闸门，应该适当调节衰减器，使被测脉冲仍能足以触发，而寄生脉冲又被抑制，如果寄生脉冲幅度很大，则要另外设法抑制，否则不能得到正确读数。

测量周期时还要注意适当调节倍乘（即闸门时间）开关以提高测量精度，倍乘率越高，读数的有效位数越多。

7.1.4 接地电阻测试仪

地线或地网的接地电阻值是地震台站供电避雷接地系统中的一项重要的技术指标，是地震观测台站能否安全正常运行的关键环节，必须经常进行检测并根据检测结果对地线或地网进行维护保养。接地电阻测试仪可以用来直接测量接地装置的接地电阻，是目前应用得最广泛、最简便的方法。

7.1.4.1 接地电阻测试工作准备

(1) 首先将与被测的接地装置相连的设备（线路）断开，并采取相应的安全措施。

(2) 准备必要的工具和材料（如铁锤、钢丝钳、导线等）。

(3) 准备好接地电阻测试仪及其附件。

(4) 选择适当的地点按测试要求的距离打好接地电阻测试仪的钢钎（辅助电极）。

7.1.4.2 接地电阻测试仪的接线方法及测试标准要求

接地电阻测试仪接线如图 7.1 所示。

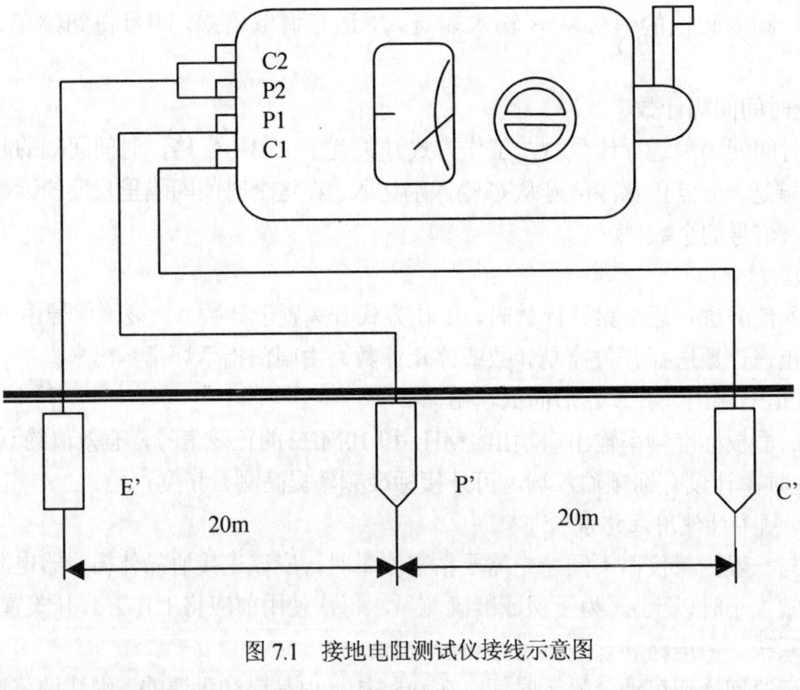

图 7.1 接地电阻测试仪接线示意图

接地电阻的测试标准及要求：

(1) 电力系统中接地装置的工频接地电阻。

① 工作接地要求为 4Ω 及以下；

② 保护接地要求为 4Ω 及以下。

(2) 防雷保护接地装置的工频接地电阻。

① 防雷接地母线要求为4Ω及以下；

② 独立避雷针接地线要求为10Ω及以下。

7.1.4.3 接地电阻测试步骤

(1) 首先将接地电阻测试仪平放好，通过旋动机械零旋钮使检流计指针指在中心 0 位上；

(2) 检查测试线是否分布在一条直线上，测试用的探针（钢钎）打入地的深度应满足其长度的 $^1/_3$～$^1/_2$；

(3) 选择适当倍率，在转动测量刻度盘的同时摇动手柄，观察指针偏转的角度。当指针接近 0 位时，以 120r/min 的转速摇动手柄，调节测量刻度盘，使指针指到 0 位；

(4) 查看读数，将测量刻度盘的指示值乘与倍率即为被测接地装置的接地电阻值；

(5) 在确认手柄停止转动情况下，拆除测量线，恢复接地装置的连接线，同时检查是否接触良好，然后清洁接地电阻测试仪并收好，准备下次使用。

7.1.4.4 接地电阻测试仪使用注意事项

(1) 不要带电测试接地装置的接地电阻值；

(2) 测量时，测试用探针（钢钎）应打在土壤较好的地段，注意避免测试线与地下金属管道及电缆平行，以免影响测量；

(3) 测量时，如发现表针指示不稳，可适当调整打入地中的探针（钢钎）的深度，或浇入适量的水，如果无效说明该地下有其他管道或电缆应另选合适的地段重新测量；

(4) 接地电阻测试仪不能开路摇动手柄，否则将损坏接地电阻测试仪；

(5) 摇动接地电阻测试仪手柄时，人体（特别是手指）不能触及接线柱，以免造成人身安全事故;.

(6) 注意潮湿季节或土壤水分过大时，不宜进行测试。

7.2 数字化地震观测台站运行维护的内容和基本要求

7.2.1 数字化地震观测台站运行维护的基本要求

数字化地震观测台站的观测技术系统其可靠性、可用性、可维性是大家十分关心的问题。这些问题与技术系统的设计、研制、生产、装配、安装、调试等环节以及使用环境条件有关。当技术系统建成投入运行后，其可维性，即通常所说的运行维护管理，则被提到首要的位置，成为不可缺少的日常工作，具体来说是指对技术系统的调整、检测、监控、维护及保养等项工作。

可维性是技术系统失效后在规定的时间内可修复到能运行规定功能的能力。可维性包括系统的可维护性和可修理性。可维护性是指对系统运行状态进行监视、控制的支持能力以及更换异损件的方便程度。可修理性是指系统发生故障后，从查找故障原因到更换故障部件或修改故障软件使之重新投入正常运行的支持能力。

系统维护通常分为预防性维护和事后维护。地震观测技术系统是由大量光、机、电元器件集合组成的装置，由于元器件的数量多且通常处于连续运行的状态，不可避免存在老化和寿命问题。为了尽可能降低运行中出现设备故障的几率，提高系统的可靠性，应采取预防为主的维护措施，对偏离正常状态或接近使用期限的元器件、零部件需重新调整其工作状态或予以更换，以保证系统连续正常地运行。预防性维护分日常维护和定期维护（包括异损件的定期保养更换）。事后维护一般指发生故障后，进行故障定位采取必要的修理与更换措施，使系统恢复到正常工作状态的维修作业。

观测技术系统运行维护是一项非常重要的工作，直接关系到能否产出连续、稳定、可靠的观测数据，必须引起足够的重视。

7.2.2 系统日常维护

观测技术系统的日常维护主要包括供电系统、仪器设备外部（观）、正常工作所需的检测与维护、工作环境等方面。每天都应检查供电系统是否停电、断电；仪器设备外部指示是否正常；规定的正常工作所需的检测、测定并记录；工作环境是否整洁；系统运行有无异常（包括设备发出的声光、焦糊异味）；是否发生突发事件，包括打雷、刮大风下大雨等。发现问题及时处理，并作详细的记录，如无法处理应及时上报，以便采取必要措施，设法保证系统的正常运行。

日常维护通常是直观性很强的检查，通过看、听、闻（嗅）来判断系统有无故障，也可以辅于“面板维护”方式进行检查，一般设备的面板都装有若干开关、板键、旋钮、指示灯、蜂鸣器等元器件，可由手动方式检查测定。

日常维护不可松懈，走过场，要形成制度并有日志记录。此项工作做好了可以及早将故障隐患消除在萌芽状态，延长系统的连续工作时间，提高系统的可用性。

7.2.3 系统定期维护

系统定期维护是指以工作时间来确定维修周期的方式，例如一个月进行一次局部的设备维护保养，一个季度或半年进行一次较为全面的检测维护。这种定期维护可大大降低整个系统的故障率。定期维护可以采取联机检测，必要时也可以采取脱机检测（以不影响系统正常运行为原则，视情况而定）。观测技术系统的定期维护主要包括供电系统、避雷接地系统、外线路（电源线、电话线）、天线、信号线、信号配接箱、外设等方面。

供电系统中有一部分是大功率的分立器件，长期连续工作，容易发热老化，故障率较高，是硬件中常见的故障部位。定期检测和更换异损元器件将有利于减少电源故障，提高系统的可靠性和可用性。

每年开春雨季到来前应仔细检查避雷系统，包括地网、地线、接地母线是否有松脱、锈蚀、接触不良，同时测量接地电阻，并作记录与上次测量结果对比，发现问题及时处理。另外每次打雷后都应查看避雷元器件有无损坏、发黑等，及时更换。

外线路包括电源线、电话线、天线、信号线等也应定期检查，打雷、刮大风、下大雨等异常天气后都要进行检查。信号配接箱也要定期用数字万用表测量连接部位（或接线柱）上的电压或频率，并将测量结果与系统的数据采集器测得的数据进行对比，以保证系统的精度和稳定性。

7.2.4 推行三级维修制

系统维护中的事后维护实质上是故障发生后的维修，为了缩短故障时间，提高运行率，应该采取应急措施，即临时性修理。首先要区分是软件故障还是硬件设备故障。如果是软件故障，可能是系统使用的软件因某个环节在特定组合条件下不能正常运行引起的，也可能是受外界强干扰引起的偶然性失步造成的。这类故障一般可采用重新启动系统（复位或断电）或采取其他人工干预手段予以排除。如果是系统设备性能变坏或保险丝一类保护元器件损毁引起的硬件故障，则应尽快确定故障位置，针对故障部位进行修理。

在维修实际工作中，为了缩短故障时间，减少人力、物力的消耗，一般将维修分为三级：

(1) 第一级维修为现场级。

指在系统设备所在地（机房、观测室）进行的维修。这一级的要求是故障定位，根据系统的不同将故障定位在单元机箱或单元电路部件或单元电路板，然后更换有故障的单元机箱或单元电路部件或单元电路板（有备份或备件情况下，有条件的也可以修理），使系统恢复正常运行。

(2) 第二级维修为中间级。

中间级是指有一定维修力量（人员、技术、设备）的地方，如各省（市、自治区）台网中心和中心台的维修组。这一级的要求是修理一般故障，由于维修组有一定数量的具有维修经验和掌握维修技术的人员，又有比现场更好的维修设备和更充足的备件，能解决在现场不能解决的许多问题，使系统恢复正常运行。

(3) 第三级维修为工厂级。

现场级维修和中间级维修不能解决的问题只能由生产工厂来维修。用户将有故障的设备送回工厂修理或更换，以恢复系统的正常运行。

根据我国地震系统的实际情况，推行三级维修制对管理和维护地震观测技术系统起了很大的作用，今后通过不断总结经验，充实和加强一、二级维修，缩短修复时间（包括被动修复时间和主动修复时间），加强管理和改善后勤支持，进一步提高观测技术系统的可维护性和可用性。

7.3 数字化地震观测台站常见故障的初步分析处理

为便于分析和叙述，特举一个有一定规模，且比较复杂并具有一定难度的观测技术系统——数字化地震前兆观测技术系统来说明。其对故障的分析步骤、判断方法、排除措施均可应用于数字化地震观测台站其它观测技术系统，对提高观测技术系统的运行效率，保证数据的正常产出，延长设备的使用寿命，都有十分重要的作用。

7.3.1 工作状态正常与异常的判断

系统维护与故障分析处理需要经验的积累，如果从系统运行工作状态正常与异常出发来判别分析处理故障，效果肯定要好些，可以快速、准确的处理故障，恢复系统正常工作。

现以数字化地震前兆观测技术系统为例说明系统工作状态的正常与异常。

系统运行工作状态正常是指进入观测室未发现声光报警、指示灯异常指示和异味等。

首先查看电源避雷箱，如前面板红色指示灯亮，表明市电外线路供电正常；两个绿色指示灯亮，电源避雷箱工作正常；参数稳压电源有轻微嗡嗡声、红色电源指示灯亮、用数字万用表交流档测量输出端的电压值为220V±5%，表明交流供电正常。

接着观察前兆仪器运行工作情况，各种指示是否正常，如有必要可用数字万用表测量信号配线箱接线柱上的电压或频率值，以确定前兆仪器运行工作情况。

最后观察机柜的工作情况，DK-2A 电源控制器前面板的“交流正常”的绿色指示灯亮、“直流正常”的绿色指示灯亮、“充电 1”和“充电 2”的黄色指示灯亮（亮度视充电情况而变化）、面板左边的表头指针有指示（约 12V 左右），表明机柜供电系统正常；数据采集单元左边的红色“电源指示”灯亮、绿色的“状态指示”灯闪亮，表明数据采集单元正常；将通信单元前面板 MODEM 电源开关置于“手动”，MODEM 的 TR 灯、MR 灯、AA 灯亮，然后将 MODEM 电源开关置回“自动”，上述指示灯熄灭，另将 GPS 电源开关置于“ON”，GPS 接收机电源指示灯亮，表明通信单元正常。

至此，系统工作状态基本正常。若出现与上述情况不同的现象，则为工作状态异常。

7.3.2 系统故障的初步分析与处理

仍以数字化地震前兆观测技术系统来分析与处理。

数字化地震前兆观测技术系统出现故障最主要的表现是前兆数据通信传输不正常，从这点出发按下述流程展开，可以较快地分析判别故障所在，及时准确排除故障。

前兆数据通信传输不正常分三种类型：台网中心收数不正常、台站本地收数不正常、台站远程收数不正常。

故障判断流程如图 7.2 所示：

注① 这三种不同类型的收数不正常都与供电系统是否正常有关，如不正常，产生的原因为：

（a）DK-2A 电源控制器＋12V 模块输出端损坏、输出保险丝烧断、输出电缆接触不良；

（b）DK-2A 电源控制器＋12V 模块输入端损坏、输入保险丝烧断、欠压保护；

（c）无充电电压、电瓶无输出、电瓶欠压保护；

（d）无市电，或由于电源避雷箱、参数稳压电源、降压整流电路、大功率调整管、保险丝等损坏造成无充电电压、电瓶欠压保护；

（e）无交流 220V 输出，造成前兆仪器不工作或工作不正常。

注② 这三种不同类型的收数不正常与主控计算机关系密切，如不正常，产生的原因为：

（a） 插在计算机插槽内的通信控制卡损坏；

（b）计算机串口损坏；

（c）计算机通信口参数设置不对；

（d）通信软件运行出错；

（e）连接电缆接触不良。

注③ 无论哪一种类型的收数不正常都与有线通信主单元有关，原因为：

（a）1 转 8 多路转换器损坏；

（b）内部或外部连线接触不良；

（c）对于台网中心和台站远程收数，MODEM 损坏是不能正常收数的一个重要原因；

（d）遥控电源唤醒电路损坏。

注④ 三种类型的收数不正常都与有线通信主单元内的光隔离主侧有关，原因为：

（a）光隔离主侧损坏；

（b）隔离电源故障。

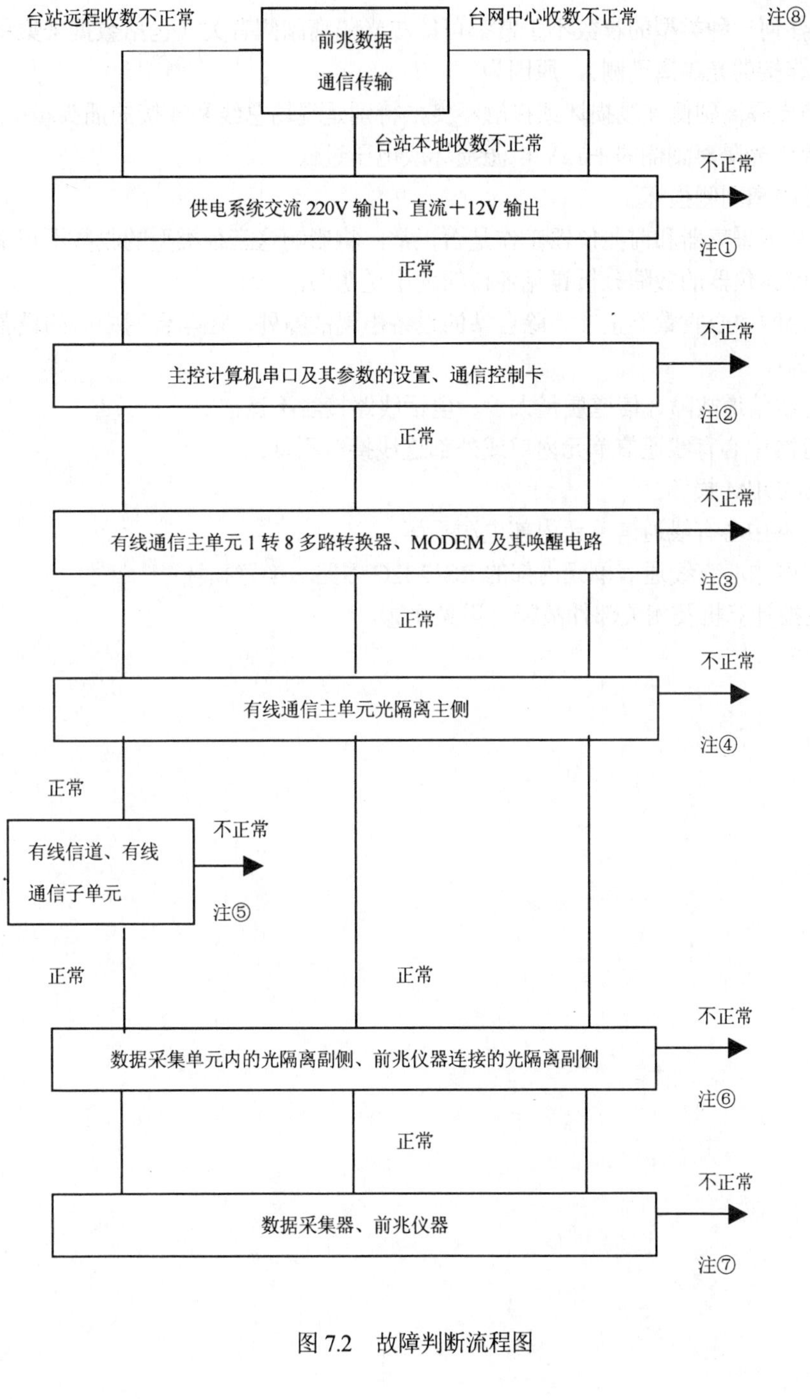

图 7.2　故障判断流程图

注⑤　台站远程收数不正常与子台的有线信道、有线通信子单元有关，原因为：

（a）有线信道故障、信道质量太差、电话线路接触不良；

（b）有线通信子单元内部或外部连线接触不良；

（c）MODEM 损坏；

（d）遥控电源唤醒电路损坏。

注⑥ 任何一种类型的收数不正常都可能与光隔离副侧有关（包括数据采集单元内的和与前兆仪器连接的光隔离副侧），原因为：

（a）与光隔离副侧连线损坏或接触不良，特别是现场总线和连接的插头座；

（b）提供光隔离副侧的＋12V 电源损坏或电压过低；

（c）光隔离副侧损坏。

注⑦ 数据采集器和前兆仪器工作是否正常，将影响这三种类型的收数不正常，有关数据采集器和前兆仪器的故障分析详见各自的使用说明书。

注⑧ 台网中心收数不正常，除台站的设备出现故障外，还与台网中心的设备出现故障有关，原因为：

（a）有线信道故障、信道质量太差、电话线路接触不良；

（b）台网中心有线通信单元内部或外部连线接触不良；

（c）MODEM 损坏；

（d）台网中心有线通信单元内部电源损坏；

（e）台网中心有线通信单元内部的 RS-232C 多路转换器损坏；

（f）主控计算机及相关部件故障，详见注②。

参考文献

蔡惟铮，数字电子线路基础，哈尔滨工业大学出版社，1988。

曹宇等，用51单片机控制RTL8019AS实现以太网通讯，电子技术应用，2003.1。

付子忠，黄锡定等，地震前兆数字观测公用技术与台网，北京：地震出版社，2003.6。

郭仲礼，于曰浩等，低压电工技术问答，北京：中国电力出版社，2005.8。

何立明，单片机应用系统设计，北京航空航天大学出版社，1990。

李　华，MCS-51系列单片机实用接口技术，北京航空航天大学出版社，1993。

李道华，霍精民等，网络与互联技术，北京：人民邮电出版社，2002.4。

刘少亭，卢建军等，现代信息网概论，北京：人民邮电出版社，2005.2。

罗运俊，何梓年等，太阳能利用技术，北京：化学工业出版社，2005.1。

秦世才等，模拟集成电子学，北京：科学出版社出版，2003。

沈庆国，周卫东等，现代通信网络，北京：人民邮电出版社，2004.1。

沈嗣昌，数字设计引论，北京：高等教育出版社，1999。

王承恕，通信网基础，北京：人民邮电出版社，1999.9。

王鸿钰，陆鸣等，实用电源技术手册，上海：上海科学技术出版社，2002.8。

徐宝强，杨秀峰等，光纤通信及网络技术，北京：北京航空航天大学出版社，1999.10。

徐惠民等，数字电路逻辑设计，北京：人民邮电出版社，1990。

杨振江等，A/D、D/A转换器接口技术与实用线路，西安电子科技大学出版社，1996。

张公忠，陈锦章等，当代组网技术，北京：清华大学出版社，2000.12。

张乃国，张广明等，实用电源技术手册：交流稳定电源分册，沈阳：辽宁科学技术出版社，1999.10。

张效详，徐家福等，计算机科学技术百科全书，北京：清华大学出版社，1998.8。

周卫东，罗国民等，现代传输与交换技术，北京：国防工业出版社，2003.10。

周振安等，地震前兆数据采集系统的设计考虑，大地测量与地球动力学，2004.8。

周振安等，数据采集器常见故障分析处理，地震电磁观测与研究，2004.5。

周振安等，数据采集系统的设计与实践，北京：地震出版社，2005.8。

周志敏，周纪海等，UPS实用技术：应用与维护，北京：人民邮电出版社，2003.11。

周志敏等，开关电源实用技术与设计，北京：人民邮电出版社，2003。

朱锡仁等，电路与设备测试检修技术及仪器，北京：清华大学出版社，1997.9。